UTE WILHELMSEN

Tiere und Pflanzen im Wald

W0194139

KOSMOS

Im Wald gibt es viel zu entdecken und jede Menge Spielmöglichkeiten.

FÜR FREIZEIT UND ERHOLUNG: OASE WALD

Einst war der Wald bei uns selbstverständlich: Wo Dörfer und Felder endeten, begann die baumbestandene Wildnis, die Beeren, Pilze, Fleisch und Brennholz lieferte, aber auch Gefahren barg.

Doch in dem Ausmaß, wie die Menschen den Wald immer intensiver nutzten und immer mehr Bäume neuen Ackerflächen, Siedlungen, Fabrikanlagen und Autobahnen weichen mussten, entwickelte sich auch der Wunsch, die verbliebenen Wälder zu schützen. Nicht nur weil die »grüne Lunge« unsere Luft säubert, klimaschädliches Kohlendioxid schluckt, unser Wasser filtert und uns Holz liefert, sondern weil wir im Wald Ruhe und Erholung finden, weil die Natur uns Freiräume, Freizeitspaß und Abenteuer bietet – ein wohltuendes Kontrastprogramm zu unserem häufig hektischen und durchgeplanten Alltag.

Im Wald gibt es zu jeder Jahreszeit viel zu entdecken. Wir haben für Sie eine Auswahl der wichtigsten, häufigsten, interessantesten und auffälligsten Tiere und Pflanzen unserer Wälder in diesem Buch zusammengefasst. Neben den großen Laub- und Nadelbäumen, ohne die der Wald keiner wäre, wachsen auch Sträucher und Kräuter, Farne und Moose im Schatten der Baumriesen. Füchse, Mäuse, Rehe und Wildschweine leben im Schutz des Waldes, die Baumwipfel beherbergen zahlreiche Vögel und im Waldboden wimmeln, krabbeln und kriechen unzählige Würmer, Käfer, Ameisen, Spinnen und andere Kleintiere, die als sogenannte Wirbellose der großen Gruppe der Wirbeltiere gegenübergestellt werden. Weder Tier noch Pflanze sind die Pilze, die mancherorts sprichwörtlich aus dem Boden schießen oder an Baumstämmen wachsen.

JAHRESKALENDER FÜR DEN WALDSPAZIERGANG

Im Frühjahr, wenn die Blätter gerade erst zu sprießen beginnen und das Sonnenlicht bis hinab auf den Waldboden scheint, entfalten Busch-Windröschen, Scharbockskraut und Lerchensporn ihre bunten Blüten. Auch die Waldvögel lassen sich am besten beobachten, bevor die Blätter wachsen. Ihr Konzert ist im Frühling besonders beeindruckend, wenn sie ihre Brutreviere besetzen und lauthals verteidigen.

Im Sommer haben die Bäume ihre Blätter vollständig entfaltet und ein grüner Baldachin spendet beim Waldspaziergang Schatten. An den Blättern lassen sich Eiche, Buche, Birke und Co. einfach erkennen. Fichten, Kiefern und Tannen tragen das ganze Jahr ihre zu widerstandsfähigen Nadeln umgewandelten Blätter. Am Waldboden gibt es jetzt viel zu entdecken, Ameisen schleppen schwere Lasten zu ihren Bauten, Laufkäfer flitzen geschäftig umher, Regenwürmer durchgraben die Erde, auch Schnirkelschnecken, Saftkugler und Steinläufer lassen sich finden.

Im Frühjahr bildet das Busch-Windröschen blühende Teppiche.

Im Herbst wachsen die essbaren Steinpilze aus dem Waldboden.

Der Eichelhäher ist durch seine auffällige Gefiederfärbung gut zu erkennen.

Im Herbst leuchtet der Wald in warmen Gelb-, Rot- und Orangetönen, weil die Bäume das Blattgrün und andere wertvolle Inhaltsstoffe aus den Blättern abziehen, bevor sie diese vor dem Winter abwerfen. Aus Blättern, Eicheln und Bucheckern lassen sich kleine Kunstwerke basteln, auch Pilzsammler kommen jetzt auf ihre Kosten. Eichhörnchen und Waldmäuse schleppen eifrig Wintervorräte in ihre Lager und die liebestollen Hirsche röhren lauthals, um ihr Territorium abzugrenzen.

Im Winter tragen nur noch die Nadelbäume ihr grünes Kleid – die Lärche jedoch wirft ihre Nadeln ab. Die Laubbäume haben aber schon ihre Knospen fürs nächste Jahr angelegt. Im Schnee sind die Spuren von Hirsch, Reh und Co. besonders gut zu erkennen.

URWALD IN DEUTSCHLAND

Europa war schon vor rund 300 Millionen Jahren ein Waldland. Allerdings wuchsen damals Bärlappe, Farne und Schachtelhalme zu riesigen Bäumen heran – Pflanzen, deren Nachfahren wir heute als unscheinbare Winzlinge am Waldboden entdecken können. Lange bevor die ersten Menschen die Erde bevölkerten, entwickelte sich in den Wäldern das Leben. Erst die Eiszeiten beendeten die Vorherrschaft der Wälder, Eis und Gletscher bedeckten die Landschaft, Sümpfe, Moore und Tundren breiteten sich aus. Mitteleuropa war waldlos.

ICH SEHE WAS, WAS DU NICHT SIEHST

Manchmal sieht man den Wald vor lauter Bäumen nicht. Schauen Sie doch einmal genauer hin und machen Sie dazu das beliebte Suchspiel waldtauglich: Wer entdeckt die kleine Schnecke am Waldboden? Wer findet etwas Essbares? Zu welchem Baum gehört die Frucht mit der rauen Schale? Es gibt immer etwas zu entdecken und Ihrer Fantasie sind (fast) keine Grenzen gesetzt.

Vor rund 12 000 Jahren zogen sich in Mitteleuropa die letzten Eiszeitgletscher zurück. Birken, Eschen, Linden, Eichen und schließlich auch Rot-Buchen besiedelten den Boden. Tannen und Fichten wuchsen in den Bergen, Kiefern auf kargen Sandböden.

Die Land- und Forstwirtschaft des 19. Jahrhunderts veränderte unsere Wälder grundlegend: Artenreiche Laubwälder wichen ertragreichen, aber auch anfälligen und monotonen Fichtenforsten. Damit maximierte man die Holzproduktion, minimierte aber sowohl den ökologischen als auch den Erholungswert der Wälder.

Heute spielt die Holzproduktion immer noch eine große Rolle, aber viele naturnahe Wälder stehen unter Schutz und in manchen Gebieten wie den Nationalparks darf sich der Wald wieder ungestört und ohne Landschaftsplan entwickeln. All diese Wälder laden zum Entdecken und Erkunden ein und selbst in Parkanlagen und Gärten begegnen uns Eichelhäher, Buntspechte, Eichhörnchen und andere Waldbewohner.

Schmetterlinge wie das Landkärtchen besuchen oft Blüten auf Lichtungen.

Der Waldkauz jagt nachts und zieht sich tagsüber in seine Baumhöhle zurück.

Die Tiere und Pflanzen

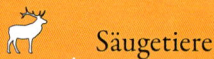

Wolf
— *Canis lupus*

› menschenscheu
› jagen nachts
› Stammvater aller Hunde-rassen

MERKMALE Fell graubraun, ähnelt kräftigem Schäferhund. **VORKOMMEN** Wiedereinwanderung vor allem in den östlichen Bundesländern. **WISSENSWERTES** Auch wenn sie im Märchen immer die Rolle des Bösen spielen: In der Natur sind Wölfe sehr vorsichtig und meiden die Menschen normalerweise. Nachdem sie bei uns ausgerottet waren, siedeln sich in Deutschland wieder frei lebende Wölfe an. Wölfe leben im Familienverband, dem Rudel, und beanspruchen große Reviere, wo sie vor allem Hirsche, Rehe und Wildschweine jagen.

Wildschwein
— *Sus scrofa*

› schlau und anpassungs-fähig
› fressen auch auf Äckern
› Wildform des Haus-schweins

MERKMALE Fell borstig und dunkelbraun, männliche Tiere mit hervorstehenden Eckzähnen im Unterkiefer. **VORKOMMEN** Laub- und Mischwälder mit morastigen Gebieten, die Suhlen für ihr Schlammbad bereithalten (Haut- und Fellpflege). **WISSENSWERTES** Wildschweine leben in feuchten Laubmischwäldern, wo sie den Waldboden nach Würmern, Wurzeln und Früchten durchwühlen. Im Herbst fressen sie Eicheln und Bucheckern. Weil die Wälder rar, Äcker aber immer größer geworden sind, tauchen Wildschweine auch auf Feldern auf und können erhebliche Schäden anrichten.

Rotfuchs
— *Vulpes vulpes*

› scharfe Sinne, intelligent
› ähnelt kurzbeinigem Hund
› überträgt Tollwut

MERKMALE Pelz meist rotbraun, langer, buschiger Schwanz (Lunte). **VORKOMMEN** Wälder und Parklandschaften. Sehr anpassungsfähig, nutzt viele verschiedene Lebensräume. **WISSENSWERTES** Der sprichwörtlich schlaue Fuchs ist erfolgreich allen Versuchen entkommen, ihn auszurotten. Im Schutz der Dunkelheit durchstreift er nicht nur Wälder, um Mäuse zu jagen, sondern auch Parks mitten in der Großstadt, um Mülltonnen zu inspizieren. Tagsüber und zur Aufzucht der Jungen zieht sich der Fuchs in seinen unterirdischen Bau zurück. Er nutzt auch gern Dachsbauten.

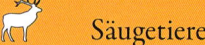

Rothirsch
— *Cervus elaphus*

› wirft Geweih im Spätwinter ab, wird neu gebildet
› schält Rinde von Bäumen

MERKMALE Fell im Sommer rotbraun, im Winter graubraun, männliche Tiere mit mächtigen Geweihen. **VORKOMMEN** Braucht große, zusammenhängende Laub- und Mischwaldgebiete, gefährdet durch Zersiedelung der Landschaft. **WISSENSWERTES** Die größte heimische Hirschart beschert uns im Herbst ein besonders Spektakel: Die röhrenden Brunftschreie der Männchen. Sie werben um die Weibchen und versuchen, ihre Gegner einzuschüchtern. Hilft das nicht, kommt es zum Kampf. Außerhalb der Brunft leben die Hirschkühe mit den Jungtieren in Rudeln getrennt von den Hirschen.

Damhirsch
— *Cervus dama*

› auch erwachsene Tiere mit typischem Punktmuster
› häufig in Gehegen

MERKMALE Färbung variabel mit hellen Flecken, die Hirsche von August bis April mit einem meist schaufelartigen Geweih. **VORKOMMEN** Waldgebiete, auch in Wald-Feld-Mosaiklandschaften verbreitet, zum Teil isolierte, eng begrenzte Vorkommen. **WISSENSWERTES** Damwild eignet sich besser als andere Hirscharten zur Haltung in Gehegen, die Tiere sind sehr verträglich und zutraulich. Im Sommer leben die Rudel getrennt nach Geschlechtern. Im Herbst zur Brunft treffen sie sich und bleiben den Winter über bis zum Frühjahr zusammen. Der Brunftruf ist höher als der des Rothirschs.

Reh
— *Capreolus capreolus*

› Kulturfolger
› weit verbreitet
› häufig auf Feldern

MERKMALE Geweih der männlichen Rehe vergleichsweise klein, im Sommer rotbraun, im Winter graubraun. **VORKOMMEN** Laub- und Mischwälder, Felder und Wiesen. Auch in Kulturlandschaften weit verbreitet. **WISSENSWERTES** Rehe sind eine besonders schlanke und grazile Hirschart. Vor allem die weiß gepunkteten Rehkitze mit ihren großen »Rehaugen« sind echte Sympathieträger. Die Kitze werden zum Schutz vor Feinden in dichter Vegetation versteckt. Rehe sind sehr anpassungsfähig, ihre Hauptfeinde bei uns sind streunende Hunde und Autos.

Dachs
— *Meles meles*

› Fell grau, Gesicht schwarzweiß
› baut große Dachsburgen
› lebt in Familien

MERKMALE Gesicht auffallend schwarz-weiß gezeichnet, plumpe Gestalt, kräftige Vorderpfoten mit langen Krallen (Grabschaufeln). **VORKOMMEN** Laub- und Mischwälder in Wassernähe, gern mit viel Unterholz, heute wieder weit verbreitet. **WISSENSWERTES** Der Dachs kommt erst in der Dämmerung aus seinem Bau heraus und ist vor allem nachts aktiv. Die »Dachsburgen« sind weit verzweigte Gangsysteme mit mehreren Ein- und Ausgängen und geräumigen Höhlen auf mehreren Etagen. Sie werden über Generationen weitervererbt und bieten sogar noch dem Fuchs als Untermieter Platz.

Baummarder
— *Martes martes*

› springt von Baum zu Baum
› kann hervorragend hören und riechen

MERKMALE Fell braun mit gelbem Kehlfleck, etwa katzengroß mit buschigem Schwanz. **VORKOMMEN** Laub- und Mischwaldgebiete mit altem Baumbestand, auch in Parks. Seltener als der Steinmarder. **WISSENSWERTES** Der Baummarder ist meist nachts unterwegs, kann gut klettern und bis zu 4 m weit springen. So erbeutet er sogar Eichhörnchen, frisst aber auch andere Kleinsäuger, Vögel, Insekten und Beeren. Er ist eher scheu, anders als der Steinmarder, der uns als Poltergeist auf dem Dachboden begegnet, Kabel zerbeißt und so Autos lahmlegt.

Eichhörnchen
— *Sciurus vulgaris*

› häufig auch in Städten
› vergräbt Nüsse und Eicheln als Wintervorrat

MERKMALE Fell rotbraun, Winterkleid braun mit langen Ohrbüscheln. **VORKOMMEN** Nadel- und Mischwälder. Auch in Gärten und Parks lassen sich die gewandten Kletterer beobachten. **WISSENSWERTES** Auffällig ist der buschige Schwanz des Eichhörnchens. Er fungiert beim Springen als Steuerruder und beim Klettern als Gegengewicht. Das Eichhörnchen baut kugelförmige Nester (Kobel) in den Baumkronen. Im Herbst legt es Wintervorräte an. Verdrängt wird es vom amerikanischen Grauhörnchen, das in Europa eingeschleppt wurde, aber noch nicht in Deutschland verbreitet ist.

Waldspitzmaus
— *Sorex araneus*

› lange, spitze Schnauze
› riechen intensiv nach Moschus

MERKMALE Schnauze lang, Augen winzig, Ohren im Fell versteckt. **VORKOMMEN** Wälder, Wiesen, Hecken, Moore und Sümpfe, auch in der Verlandungszone von Seen und Teichen. **WISSENSWERTES** Die Waldspitzmaus ist gar keine Maus, sondern eine nahe Verwandte des Igels. Mit ihrer rüsselförmigen Schnauze sucht sie nach Insekten, Würmern, Spinnen, Schnecken und Aas. Damit macht sie sich ebenso wie der Igel für den Menschen nützlich. Ihr kugeliges Nest baut sie unter Baumwurzeln, oft auch unter Holzstapeln. Die vier bis neun Jungen pro Wurf sind anfangs nackt und blind.

Waldmaus
— *Apodemus sylvaticus*

› kann klettern und springen
› besetzt auch Nistkästen für Vögel

MERKMALE Oberseite gelbbraun, Unterseite weiß, sehr große Augen und Ohren, Schwanz fast körperlang. **VORKOMMEN** Waldränder, Feldgehölze, Hecken, Gärten und Parks. Im Winter auch in Gebäuden; häufigste langschwänzige Maus. **WISSENSWERTES** Als scheuer Einzelgänger ist die Waldmaus hauptsächlich nachts aktiv. Sie klettert gern und springt bis zu 80 cm weit. Die Waldmaus frisst Samen, Früchte, Insekten und Würmer; im Herbst sammelt sie Wintervorräte, die sie in Gängen und Vorratskammern speichert. Auch ihre Jungen bringt sie in unterirdischen Höhlen zur Welt.

Rötelmaus
— *Clethrionomys glareolus*

› häufigste Wühlmaus unserer Wälder
› gut am Tag zu beobachten

MERKMALE Oberseite rostbraun, Unterseite und Füße weiß, kurzer borstiger Schwanz. **VORKOMMEN** Waldränder, Feldgehölze, Hecken, Gärten und Parks. Im Winter auch in Gebäuden. **WISSENSWERTES** Die Rötelmaus legt ein Netzwerk aus ober- und unterirdischen Gängen und Tunneln an, kann aber auch gut klettern. Ein Weibchen bringt vier- bis fünfmal im Jahr je drei bis sieben Junge zur Welt. Gibt es genug zu fressen, kann sich die Art also stark vermehren. Davon profitieren ihre Fressfeinde, der Waldkauz und der Baummarder.

Sperber
— *Accipiter nisus*

› kurze runde Flügel
› langer Schwanz
› quer gestreifte Brust

MERKMALE Weibchen unterseits mit grauer, Männchen mit rotbrauner Bänderung. **VORKOMMEN** Brütet in Fichtenforsten, jagt aber meist in Hecken- und Buschlandschaften, im Winter sogar in Dörfern und am Stadtrand. **WISSENSWERTES** Der Sperber ist etwa so groß wie eine Krähe und der Schrecken unserer Singvögel. Er kommt pfeilschnell und plötzlich aus seiner Deckung hervorgeschossen und jagt Spatzen, Finken und andere kleine Vögel. Dass in der Nähe ein Sperber lauert, erkennt man daher an den lauten und lang andauernden Alarmrufen der Singvögel.

Habicht
— *Accipiter gentilis*

› wendiger Jäger
› Symbolvogel für die rücksichtslose Verfolgung einer Tierart

MERKMALE Altvögel dunkel graubraun, unterseits gebändert, größer und kräftiger als der Sperber. **VORKOMMEN** Brütet in Wäldern mit alten Baumbeständen und jagt in offener, buschreicher Landschaft. **WISSENSWERTES** Der Habicht wirkt wie ein Sperber im Großformat und jagt dementsprechend größere Beute. Er schlägt Tauben, Eichelhäher, Eichhörnchen oder Kaninchen. Seine Horste baut er nur auf hohen Bäumen, Weibchen und Nestlinge werden vom Männchen versorgt. Weil er rücksichtslos verfolgt wurde, gingen die Bestände stark zurück.

Mäusebussard
— *Buteo buteo*

› frisst Mäuse, aber auch Aas
› auch vom Auto aus gut zu beobachten

MERKMALE Gefiederfärbung sehr variabel, breite Flügel, kurzer Hals und meistens breit gefächerter Schwanz. **VORKOMMEN** Wälder und offene Kulturlandschaft mit Baumgruppen. Brütet bevorzugt auf hohen Eichen und Kiefern. **WISSENSWERTES** Der Mäusebussard ist der häufigste Greifvogel und in der mit Wald durchsetzten Agrarlandschaft gut zu beobachten. Da ihn fahrende Autos nicht schrecken, sieht man einzelne Tiere auch nur wenige Meter vom Straßenrand entfernt. Seine Hauptbeute sind Mäuse. Typisch ist der kreisende Segelflug über seinem Revier.

Waldkauz
— *Strix aluco*

› nachtaktiv
› auch in Gärten und Parks
› unheimliche nächtliche Rufe

MERKMALE Kopf groß und rund ohne Federohren, grau- oder rotbraunes Gefieder mit Streifen oder Flecken. **VORKOMMEN** Laubmischwälder mit altem Baumbestand, Parks, Gärten, auch mitten in Großstädten. **WISSENSWERTES** Der Waldkauz ist die häufigste heimische Eule. Er ist anpassungsfähig und jagt nachts Mäuse, Vögel und sogar Frösche. Tagsüber zieht er sich in seine Baumhöhle zurück, in der das Weibchen auch die Eier ablegt. Sein klangvoller Balzgesang wird in Krimis gern für nächtliche, spannungsgeladene Szenen eingesetzt.

Buntspecht
— *Dendrocopus major*

› häufigste und bekannteste Spechtart
› lässt sich gut beobachten

MERKMALE Schwarz-weiß, Männchen mit rotem Fleck am Hinterkopf. **VORKOMMEN** Wälder, Feldgehölze, Gärten und Parks. Häufige Art, regelmäßiger Gast an Futterhäuschen. **WISSENSWERTES** Erklingt im Wald lauter Trommelwirbel, findet man meist schnell den zugehörigen Buntspecht an einem Baumstamm sitzend. Männchen und Weibchen trommeln bei der Balz abwechselnd und hacken ihre Bruthöhlen in Baustämme hinein. Sie fressen vor allem die Larven Holz bewohnender Käfer und Schmetterlinge, aber auch Samen aus Zapfen von Nadelbäumen.

Schwarzspecht
— *Dryocopus martius*

› schwarzes Gefieder
› knapp krähengroß
› frisst Borken- und Bockkäfer

MERKMALE Schwarz mit rotem Scheitel und hellem Schnabel. **VORKOMMEN** Waldgebiete mit alten Bäumen, vor allem in Buchenwäldern. Nur lokal verbreitet, im Norden selten. **WISSENSWERTES** Der Schwarzspecht ist der größte heimische Specht und trommelt am lautesten. Sein Trommelwirbel dauert zwei Sekunden, besteht aber aus über 30 Einzelschlägen. Damit markiert der Specht sein Revier. Um seine Nisthöhle in einen dicken Baumstamm zu zimmern, braucht er einen knappen Monat. Mit seinem kräftigen Schnabel hackt er Insekten und deren Larven aus dem Holz.

Kuckuck
— *Cuculus canorus*

› typische Kuckuck-Rufe
› Brutparasit
› kommt im Frühling nach Europa zurück

MERKMALE Oberseite und Brust grau, Unterseite gebändert. **VORKOMMEN** Wälder und Feldgehölze, aber auch in Sumpf- und Dünenlandschaften. Verbringt die Wintermonate in Afrika. **WISSENSWERTES** Jedes Kind kennt seinen Ruf, Lieder besingen ihn als Frühlingsboten, aber wer weiß schon, wie der zugehörige Vogel aussieht? Der Kuckuck ist grau und eher unscheinbar; einzigartig in unserer Vogelwelt ist aber, dass er seine Eier in fremde Nester legt. Seine Stiefgeschwister befördert der junge Kuckuck aus dem Nest und seine Zieheltern müssen hart arbeiten, um ihn satt zu bekommen.

Zaunkönig
— *Troglodytes troglodytes*

› auffallend kleiner Vogel
› häufig in Bodennähe
› auch in Gärten

MERKMALE Gefieder braun, viel kleiner als ein Spatz, Schwanz oft hochgestellt. **VORKOMMEN** Laub- und Mischwälder mit viel Unterholz, Parks und Gärten, auch an Gräben und Ufern, sehr häufige Art. **WISSENSWERTES** Der Zaunkönig ist einer der kleinsten heimischen Vögel, dafür singt er aber lange und lauthals schmetternd. Das Männchen baut jeweils mehrere kunstvolle, kugelige Nester an Baumwurzeln, von denen das Weibchen eines aussucht. Einzelne Zaunkönige verbringen den Winter bei uns und sind an Futterplätzen zu beobachten.

Rotkehlchen
— *Erithacus rubecula*

› zutraulich
› häufig und beliebt
› Gesang mit Flöten und Trillern

MERKMALE Oben braun, Brust leuchtend orangerot, Bauch weiß, Augen groß und dunkel. **VORKOMMEN** Laubmischwälder, Nadelgehölze, Parks und Gärten. **WISSENSWERTES** Der melodische Gesang des Rotkehlchens ist häufig auch in Gärten und Parks zu hören und erklingt vor allem frühmorgens und abends. Mit seinen auffallend großen Augen kann das Rotkehlchen auch in der Dämmerung gut sehen. Seine Nester versteckt es im Gestrüpp oder in Baumlöchern. Am Boden sucht es nach Insekten, Larven und Würmern, im Winter auch Beeren.

Amsel
— *Turdus merula*

› häufig in Städten
› pickt gern Regenwürmer aus dem Boden

MERKMALE Männchen schwarz mit gelbem Schnabel, Weibchen dunkelbraun mit gefleckter Kehle. **VORKOMMEN** Wälder mit viel Unterholz, in Wohngebieten häufig in Nadelholzhecken und dichten Ziersträuchern. **WISSENSWERTES** Die Amsel ist eigentlich ein Waldbewohner, doch sie hat sich bestens an das Leben in der Stadt gewöhnt. Häufig ist sie in Gärten und Parks zu sehen und ihr melodischer Gesang zu hören. Sie ist einer unserer häufigsten Brutvögel und frisst Regenwürmer, Schnecken, Käfer und andere Kleintiere. Sie wird auch Schwarzdrossel genannt.

Singdrossel
— *Turdus philomelos*

› nutzt »Drosselschmieden«
› baut aufwendiges, stabiles Nest

MERKMALE Oberseite braun, Unterseite heller mit Flecken. **VORKOMMEN** Nadelwälder, Parks und Gärten. Baut stabiles Nest in Bäumen und Büschen, das mehrere Jahre benutzt wird. **WISSENSWERTES** Die Singdrossel ist kleiner und scheuer als die Amsel und an ihrem gefleckten Bauch leicht zu erkennen. Ihr Gesang besteht aus sehr unterschiedlichen Motiven, die sie fast immer wiederholt. Besonders gern frisst sie Gehäuseschnecken, die sie auf einem Stein zertrümmert, um an das weiche Innere zu kommen. Diesen Stein benutzt sie häufig mehrere Jahre lang (»Drosselschmiede«).

Wintergoldhähnchen
— *Regulus regulus*

› singt »sisisisi« in den Wipfeln von Nadelbäumen
› im Winter am Futterhäuschen

MERKMALE Graugrün mit gelb-schwarz gestreiftem Scheitel, rundliche Gestalt. **VORKOMMEN** Nadelwälder und Parks mit Nadelgehölzen. **WISSENSWERTES** Die Goldhähnchen sind die kleinsten Vögel Europas und wiegen nur 5 g. Ihr feiner, hoher Gesang liegt so nahe an der Obergrenze des menschlichen Hörvermögens, dass viele ältere Menschen ihn nicht mehr hören. Das Wintergoldhähnchen ist immer in Bewegung und sucht hängende Fichtenzweige nach kleinen Insekten ab. Sein dickwandiges Nest baut es in Nadelbäumen.

Waldlaubsänger
— *Phylloscopus sibilatrix*

› feiner Schnabel
› schwirrt von Ast zu Ast
› lauter Sänger

MERKMALE Oberseite grünbraun, gelbe Kehle und weißer Bauch, etwas kleiner als ein Hausspatz. VORKOMMEN Buchenwälder mit wenig Unterwuchs, naturnahe Laubmischwälder. WISSENSWERTES Der Waldlaubsänger ist oft hoch oben in den Baumkronen unterwegs und erbeutet dort Insekten und Spinnen. Im Winter zieht er ins tropische Afrika zum Überwintern. Zur Brutsaison im nächsten Frühjahr ist er wieder da und baut am Boden ein kugeliges Nest, das mit Flechten und Haaren ausgepolstert wird.

Zilpzalp
— *Phylloscopus collybita*

› schlägt beim Umherhüpfen ständig mit dem Schwanz

MERKMALE Gefieder olivbraun, deutlich kleiner als ein Spatz. VORKOMMEN Laubmischwälder mit viel Unterholz, Flussauen, Weidengebüsche, Parks und Gärten. Selten in Nadelgehölzen. WISSENSWERTES Der Zilpzalp heißt, wie er singt: lang und ausdauernd »zilp-zalp-zilp-zalp«. Während das Männchen singt, sammelt das Weibchen Halme und Moos für das kugelige Nest, das in Efeu- oder Brombeergestrüpp gebaut wird. Der Zilpzalp schwirrt meist emsig herum und sucht Blätter nach Insekten und Spinnen ab. Gelegentlich versucht er in milden Lagen Mitteleuropas zu überwintern.

Mönchsgrasmücke
— *Sylvia atricapilla*

› kleiner als ein Spatz
› häufig im Gebüsch
› singt auch tagsüber

MERKMALE Kappe beim Männchen schwarz, beim Weibchen braun. VORKOMMEN Laub- und Nadelwälder mit Brombeergebüschen, Hecken, Gebüsche und Parks, häufiger Gartenvogel. WISSENSWERTES Ihren Namen bekam die Art wegen ihrer schwarzen Kopfkappe, ansonsten ist der kleine Vogel eher unscheinbar gefärbt. Die Mönchsgrasmücke ist ein anpassungsfähiger und häufiger Brutvogel, der auch in unseren Gärten zu beobachten ist. Das Männchen baut mehrere Nester, um seine Auserwählte anzulocken. Hat sie sich für ihn und ein Nest entschieden, bauen es beide gemeinsam fertig.

Tannenmeise
— *Parus ater*

› kleinste mitteleuro-
päische Meise
› lebt in Nadelbäumen

MERKMALE Kopf schwarz mit auffallen-
dem weißen Nackenfleck und weißen Wangen. **VORKOMMEN**
Fichten-, Tannen- und Kiefernwälder, nur gelegentlich in Misch-
wäldern, sofern Fichten vorhanden sind. **WISSENSWERTES** Hoch
in den Nadelbäumen hüpft und fliegt die Tannenmeise umher und
erbeutet Spinnen und Insekten. Im Winter hängt sie sich an Fich-
tenzapfen, um die Samen herauszupicken. Wo viele Nadelgehölze
gepflanzt werden, trifft man die Tannenmeise auch in Gärten. Als
Höhlenbrüter legt sie ihr Nest in Baumhöhlen und Erdlöchern an.

Blaumeise
— *Parus caeruleus*

› turnt an Zweigen
› oft in Nistkästen
› im Winter an Meisen-
ringen

MERKMALE Gefieder blau-gelb. **VOR-
KOMMEN** Wälder, Parks, Gärten und
Hecken aller Art. **WISSENSWERTES** Als einziger heimischer Vogel
mit blau-gelbem Federkleid ist die Blaumeise unverwechselbar. Sie
ist sehr anpassungsfähig und hat sich dank Nistkästen und Winter-
fütterung bei uns stark vermehrt. Im Sommer pickt sie Insekten
und Spinnen auf, im Herbst Beeren und Samen. Ihr Nest baut sie
in Höhlen mit engem Eingang (Durchmesser 25–30 mm). Bei größeren Eingängen bekommt die Blaumeise Konkurrenz durch die
größere Kohlmeise.

Kohlmeise
— *Parus major*

› auch in Wohngebieten
gut zu beobachten

MERKMALE Kopf auffällig schwarz-
weiß, Unterseite gelb mit schwarzem Band. **VORKOMMEN** Wälder, Gebüsche, Parks und Gärten. Von der Meeresküste bis an die
Baumgrenze in den Gebirgen. **WISSENSWERTES** Die Kohlmeise
ist unsere größte und häufigste Meise und sehr anpassungsfähig.
In Parks nimmt sie Futter sogar aus der Hand an. Sonst sucht sie
an Baumstämmen und am Boden nach Spinnen, Raupen und Insekten. Bei Massenvermehrungen von Insekten im Forst ist die
Kohlmeise hilfreich und wird oft mit Nistkästen unterstützt.

Kleiber
— *Sitta europaea*

› klettert häufig mit dem Kopf nach unten an Baumstämmen
› klebt Nisthöhlen zu

MERKMALE Rücken blaugrau, Schwanz kurz, Gestalt gedrungen. **VORKOMMEN** Laubmischwälder, Parks mit altem Baumbestand, Gärten, Alleen. Bewohnt vor allem alte Bäume. **WISSENSWERTES** Den Kleiber sieht man häufig an Baumstämmen klettern, wo er Insekten aus der Rinde pickt. Der Name Kleiber bedeutet »Kleber«, denn der wendige Vogel kleistert die Baumhöhlen, die er für die Brut nutzen möchte, mit einem Brei aus Lehm zu und verkleinert den Eingang so, dass nur er selbst noch hindurchpasst. Größere Vögel und Eierräuber müssen draußen bleiben.

Waldbaumläufer
— *Certhia familiaris*

› auf Baumrinde gut getarnt
› langer Pinzettenschnabel
› klettert an Nadelbäumen

MERKMALE Oberseite hell gefleckt, verlängerter Stützschwanz. **VORKOMMEN** Fichten- und Tannenwälder der Mittelgebirge und der Alpen bis etwa 2000 m Höhe. **WISSENSWERTES** Wenn der kleine Waldbaumläufer an einem Baumstamm emporklettert, ist er kaum zu entdecken, weil sein Gefieder der Rinde so ähnlich sieht. Mit seinem langen feinen Schnabel pickt er Insekten und Spinnen aus der rissigen Borke von Nadelbäumen. Im Winter frisst er auch Fichtensamen. Zum Verwechseln ähnlich ist der Gartenbaumläufer, der häufig in Parks mit hohen Laubbäumen brütet.

Pirol
— *Oriolus oriolus*

› melodischer Gesang
› kunstvolles Napfnest
› selten geworden

MERKMALE Männchen kontrastreich gefärbt, Weibchen unscheinbarer gelbgrün. **VORKOMMEN** Auwälder, reich strukturierte Laubmischwälder, alte Obstgärten, nur in Gebieten mit geringer Siedlungsdichte. **WISSENSWERTES** Obwohl der Pirol ein sehr auffälliges gelb-schwarzes Federkleid trägt, ist er meist nicht zu entdecken, so versteckt lebt er in den Baumwipfeln. Auch sein Nest hängt hoch oben in einer Astgabel. Die Zerstörung von feuchten Auenlandschaften und alten Laubwäldern hat dazu geführt, dass der Pirol bei uns sehr selten geworden ist.

Eichelhäher
— *Garrulus glandarius*

› blau-weiße Flügel-
abzeichen
› frisst Eicheln
› »pflanzt« neue Wälder

MERKMALE Körper rotbraun mit blau-
weißen Flügelabzeichen und schwarzem
Schwanz. **VORKOMMEN** Wälder aller Art mit besonderer Vorliebe für Eichen, zunehmend auch in Parks und Gärten. **WISSENS-
WERTES** Im Herbst sammeln Eichelhäher unzählige Eicheln und
stecken sie als Wintervorrat in die Erde. Allerdings finden sie nur
die wenigsten wieder und tragen daher besonders fleißig zur Verbreitung von Eichen bei. Wie andere Rabenvögel plündern sie
Nester und fressen Eier und Jungvögel. Daher sind sie nicht überall
gern gesehen.

Tannenhäher
— *Nucifraga caryocatactes*

› lebt in den Bergen
› Wintergast in Gärten
und Parks

MERKMALE Gefieder dunkelbraun mit
weißen Flecken. **VORKOMMEN** Nadelwälder, vor allem mit
Zirbel-Kiefern, in heimischen Bergwäldern. Als Brutvogel in den
Alpen verbreitet. **WISSENSWERTES** Besonders gern frisst der
Tannenhäher die Nüsschen der Zirbel-Kiefer, aber auch Bucheckern, Eicheln und Haselnüsse, die er mit seinem kräftigen Schnabel aufmeißelt. Wie der Eichelhäher fungiert der Tannenhäher als
wichtiger Baumpflanzer, da er nur einen Teil seiner Wintervorräte
wiederfindet. Vor allem für die Zirbel-Kiefern-Wälder erfüllt er damit eine wichtige ökologische Funktion.

Rabenkrähe
— *Corvus corone corone*

› häufigste Krähe
› ruft »krah-krah-krah«
› im Winter in großen
Scharen

MERKMALE Gefieder einfarbig schwarz.
VORKOMMEN Wälder, Parks, Äcker,
Wiesen, als Kulturfolger fast überall anzutreffen. **WISSENSWERTES**
Diese Krähe ist weit verbreitet und sucht ihre Nahrung auch auf
Maisfeldern und Mülldeponien. Daher konnte sich der wenig
scheue Vogel stark vermehren. Auch Würmer, Insekten, Mäuse,
Eier und Jungvögel stehen auf dem Speiseplan. Die Rabenkrähe
und die Nebelkrähe *(Corvus corone cornix)* mit ihrem grauschwar-
zen Gefieder bilden zwei Rassen der gleichen Art *(Corvus corone)*.

Kolkrabe
— *Corvus corax*

› ruft ein tiefes »kroar«
› segelt wie ein Greifvogel
› heute wieder häufiger

MERKMALE Gefieder schwarz, viel größer als eine Krähe. **VORKOMMEN** Wälder, felsige Gebirgslandschaften und Felsküsten. Der Kolkrabe nutzt ganz unterschiedliche halboffene Landschaften. **WISSENSWERTES** Der Kolkrabe ist ein wahrhaft eindrucksvoller Krähenvogel: groß wie ein Bussard mit mächtigem Schnabel und buchstäblich rabenschwarzem glänzenden Gefieder. Noch dazu ist er so intelligent und anpassungsfähig, dass er auch in Kulturlandschaften zu Hause ist und sogar Müllkippen nutzt. Nachdem er bei uns fast ausgerottet war, breitet er sich allmählich wieder aus.

Buchfink
— *Fringilla coelebs*

› früher als Käfigvogel gehalten
› im Winter am Futterhäuschen

MERKMALE Männchen zur Brutzeit rostbraun mit grauem Kopf und rötlichen Backen, Weibchen schlicht olivgrau. **VORKOMMEN** Mischwälder, Laubwälder, Hecken, Gärten und Parks. **WISSENSWERTES** Der charakteristisch gefärbte Buchfink gehört zu den häufigsten heimischen Vogelarten und lebt fast überall dort, wo es Bäume gibt. Sein schmetternder Gesang besteht aus einer einzigen Strophe, die er immerfort wiederholt. Seine Nahrung sucht er meist am Boden und pickt mit seinem kräftigen Schnabel nach Samen und Insekten. Sein Nest baut er an Ästen.

Gimpel
— *Pyrrhola pyrrhola*

› ruft leises »düüüüüüe«
› wenig scheu
› Nest im dichten Gebüsch

MERKMALE Kopfkappe schwarz, Männchen mit leuchtend roter Brust, Weibchen blasser rötlich grau. **VORKOMMEN** Mischwälder, buschreiches Gelände, Gärten und Parks. **WISSENSWERTES** Seine kardinalsrote Brust und die schwarze Kopfkappe haben dem Gimpel auch den Namen »Dompfaff« eingebracht. Wenn man seinen Ruf nachahmt, lässt sich der zutrauliche Gimpel leichter fangen als andere Vogelarten und wurde früher auch im Käfig gehalten. Viele Gimpelpaare halten über die Brutzeit hinaus zusammen und leben möglicherweise zeitlebens in Dauerehe.

Waldeidechse
— *Lacerta vivipara*

› unsere kleinste Eidechse
› lebendgebärend
› steht unter Naturschutz

MERKMALE Rücken braun mit Längs-
streifen und Punkten, Bauch gelb oder orange, bis 16 cm lang.
VORKOMMEN Waldränder, Lichtungen, Wiesen, Moore, Heiden,
im Gebirge in bis zu 3000 m Höhe. **WISSENSWERTES** Im Gegen-
satz zu anderen Eidechsen besiedelt die Waldeidechse auch feuchte und kühle Lebensräume. Sie legt nicht wie ihre Verwandten
Eier, sondern bringt fertig entwickelte Junge zur Welt. Im Oktober
sucht sie Unterschlupf in Baumstümpfen, Erdhöhlen oder unter
Steinen und überdauert die kalte Jahreszeit in einer Winterstarre.

Blindschleiche
— *Anguis fragilis*

› kriecht zur Dämmerung
  aus feuchten Verstecken
› ungiftig und ungefährlich

MERKMALE Graubraune, glatte und
metallisch glänzende Schuppen. **VORKOMMEN** Waldlichtungen,
am Rand von Hecken und Gebüsch, häufig in feuchten Verstecken.
WISSENSWERTES Die Blindschleiche hat ihre Beine so reduziert,
dass sie wie eine Schlange aussieht, obwohl sie zu den Echsen gehört. Wie andere Eidechsen kann sie ihren Schwanz abwerfen,
wenn dieser von einem Feind gepackt wird. Die Blindschleiche ist
vollkommen harmlos, wird aber oft für eine gefährliche Schlange
gehalten und erschlagen. Sie frisst vor allem Nacktschnecken,
Würmer und Spinnen.

Erdkröte
— *Bufo bufo*

› häufigste Krötenart
› bedroht durch Autos und
  Lebensraumzerstörung

MERKMALE Körper gedrungen, Ober-
seite braun, Haut warzig. **VORKOMMEN** Laubwälder, auch Kulturlandschaft, sofern Teiche, Weiher oder Gräben zum Laichen
vorhanden sind. **WISSENSWERTES** Die Erdkröte ist den meisten
Autofahrern schon einmal begegnet: auf den Warnschildern »Krö-
tenwanderung«. Straßen sind eine der größten Gefahren für die
Kröte, die immer wieder zu ihrem Laichgewässer zurückkehrt,
auch wenn der Weg noch so gefährlich ist. Meist wird sie erst in
der Dämmerung aktiv und frisst Würmer, Nacktschnecken, Asseln
und Spinnen.

Beerenwanze
— *Dolycoris baccarum*

› saugt mit ihrem Rüssel Pflanzensäfte ein
› hübsche Färbung

MERKMALE Länge 10–12 mm. Deckflügel rötlich violett, Hinterleib am Rand schwarz und weiß gemustert. **VORKOMMEN** Waldränder und Waldlichtungen, auf Wiesen sowie in Gärten an Beerensträuchern. **WISSENSWERTES** Die Beerenwanze saugt Beeren aus. Daher findet man sie auch in Gärten. Die angestochenen Früchte sind ungenießbar, weil die Wanze übel schmeckenden Speichel einspritzt. Nach der Paarung im Frühjahr werden die Eier vom Weibchen an Blätter angekittet. Die Larven häuten sich fünfmal, bevor sie im Herbst voll entwickelt sind.

Großer Puppenräuber
— *Calosoma sycophanta*

› ›groß und metallisch glänzend
› sehr gefräßig
› Nützling

MERKMALE Länge bis zu 3 cm. Flügeldecken goldgrün mit rotem Glanz. **VORKOMMEN** Laubmischwälder, wurde als biologischer Schädlingsbekämpfer in Wälder in Nordamerika eingebürgert. **WISSENSWERTES** Der Puppenräuber ist ein schillerndes Prachtexemplar von einem Käfer. Noch dazu ist er sehr nützlich, denn er frisst mit Vorliebe Schmetterlingspuppen oder -raupen und hält so auch Schädlinge in Schach. Seine Nahrung sucht er in Baumkronen. Ein Käfer verzehrt pro Jahr etwa 400 Raupen, und das in nur etwa 50 Tagen. Den Rest des Jahres verschläft er im Boden versteckt.

Leder-Laufkäfer
— *Carabus coriaceus*

› größter Laufkäfer bei uns
› dolchartige Klauen
› geschützte Art

MERKMALE Länge 3–4 cm. Fügeldecken lederartig gerunzelt, mattschwarz. **VORKOMMEN** Laub- und Mischwälder, Gärten, auch ungewollt in Kellerschächten (bitte ins Grüne zurücktragen). **WISSENSWERTES** Der Leder-Laufkäfer ist kaum flugfähig. Daher jagt er zu Fuß und meist nachts nach Schnecken, Insekten und Würmern. Laufkäfer zerkauen ihre Beute nicht, sondern spritzen Verdauungssäfte auf sie und saugen sie anschließend auf. Den Verdauungssaft kann der Käfer bis zu 1 m weit spritzen und so auch Feinde abwehren. **Geschützt**.

Totengräber
— *Nicrophorus vespillo*

› vergräbt Aas
› rot-schwarz gezeichnet
› weit verbreitete Art

MERKMALE Länge ca. 2 cm. Flügeldecken schwarz mit zwei orangeroten Querbinden. **VORKOMMEN** Wälder, vor allem an Kadavern kleiner Tiere. **WISSENSWERTES** Totengräber sind sehr nützlich, denn sie fressen vor allem Aas. Mit ihrem gut entwickelten Geruchssinn finden die Käfer die Überreste kleiner Tiere. Die Männchen besetzen das Aas und locken mit ihrem Duft die Weibchen herbei. Dann wird gekämpft, bis ein Pärchen als Sieger übrig bleibt und den Tierkadaver zu einer Kugel geformt eingräbt. Das Weibchen legt seine Eier darauf ab und hütet die Larven.

Waldmistkäfer
— *Geotrupes stercorosus*

› schwarzer, rundlicher Käfer
› Resteverwerter
› fliegen laut brummend

MERKMALE Länge ca. 2 cm. Flügeldecken blauschwarz, glänzend. **VORKOMMEN** Laub- und Mischwälder, sehr häufig und meist in der Nähe von Tierkot und Pilzen. **WISSENSWERTES** Die Mistkäfer findet man – wie der Name sagt – zumeist auf Tierkot, den sie fressen und zur Eiablage nutzen. Dazu legen sie verzweigte Gänge neben einem Kothaufen an und tragen Kotballen hinein, in die jeweils ein Ei abgelegt wird. Die Larven ernähren sich von dem Kotvorrat, überwintern in dem schützenden Gang und verpuppen sich im folgenden Sommer.

Siebenpunkt-Marienkäfer
— *Coccinella septempunctata*

› Larve blau mit gelben Flecken
› frisst Blattläuse
› biologische Schädlingsbekämpfer

MERKMALE Flügeldecken rot mit sieben schwarzen Flecken. **VORKOMMEN** Waldränder, Wiesen und Gärten; lebt überall dort, wo Blattläuse an Pflanzen saugen. **WISSENSWERTES** Marienkäfer sind allseits bekannt. Sie gelten als Glücksbringer und im Garten sind sie als fleißige Blattlausjäger gern gesehen. Auch ihre Larven fressen massenhaft Blattläuse. Marienkäfer werden daher auch als Nützlinge gezüchtet und ausgesetzt. Die Signalfärbung der Marienkäfer soll Fressfeinde abschrecken, bei Gefahr geben sie eine bittere gelbe Flüssigkeit ab.

Waldmaikäfer
— *Melolontha hippocastani*

› früher Maikäferplagen
› fächerartige Fühler
› beliebt bei Kindern

MERKMALE Rücken kastanienbraun, 2–3 cm groß. **VORKOMMEN** Waldgebiete und Heideflächen. Maikäfer waren bei uns fast ausgerottet, vermehren sich heute aber wieder. **WISSENSWERTES** Im Mai kommen die Maikäfer und fressen die Blätter von Laubbäumen. Ihre Entwicklung läuft in der Erde ab. Aus den Eiern schlüpfen Larven (Engerlinge), die Wurzeln fressen und vier Jahre lang heranwachsen. Erst im Frühjahr des 5. Jahres schlüpfen die Käfer, um nach der Paarung noch im gleichen Sommer zu sterben. Sehr ähnlich ist der Feldmaikäfer (*Melolontha melolontha*).

Hirschkäfer
— *Lucanus cervus*

› Larven fressen sich durch totes Holz
› seltene Art

MERKMALE Männchen bis 8 cm groß mit charakteristischen Zangen, Weibchen 3–5 cm groß, mit kleineren Zangen. **VORKOMMEN** Naturnahe Eichenwälder mit Totholz, häufig an ausfließenden Baumsäften, die sie auflecken. **WISSENSWERTES** Die seltenen Hirschkäfer sind unsere größten und imposantesten Käfer. Die Männchen führen mit ihrem geweihartig verlängerten Oberkiefer Paarungskämpfe aus. Sie leben ausschließlich in alten Eichenwäldern mit morschen Bäumen, in denen sich die Larven entwickeln.

Gemeiner Widderbock
— *Clytus arietis*

› fressen Bätter, Pollen und Staubblätter
› Larven bohren im Holz

MERKMALE Flügeldecken schwarz mit gelber Zeichnung. **VORKOMMEN** Laubwälder, vor allem auf sonnigen Waldlichtungen und an Waldrändern, weit verbreitet. **WISSENSWERTES** Ihren Namen erhielten die Bockkäfer wegen ihrer langen gebogenen Fühler. Der Widderbock ähnelt mit seiner schwarz-gelben Zeichnung einer Wespe. So schreckt der harmlose Käfer hungrige Vögel ab. Die Weibchen bohren ihre Eier in trockenes Holz von Sträuchern und Laubbäumen hinein, wo sich die Larven entwickeln. Die Käfer erscheinen von Mai bis Juli an blühenden Sträuchern.

Buchdrucker, Borkenkäfer
— *Ips typographus*

› Vermehrung vor allem nach Stürmen in umgestürzten Bäumen
› viele ähnliche Arten

MERKMALE Länge 4–5 mm. Schwarzbraun mit feiner Behaarung. **VORKOMMEN** Fichtenwälder, Massenvermehrungen vor allem in Fichtenmonokulturen, wo natürliche Fressfeinde fehlen. **WISSENSWERTES** Seinen Namen verdankt der Buchdrucker den kunstvollen Fraßbildern, die unter der Rinde abgestorbener Fichten zutage treten und von den Käferlarven stammen. Er gehört zu den als Forstschädlinge sehr gefürchteten Borkenkäfern. Wo vielfältige Laubwälder riesigen monotonen Fichtenforsten weichen mussten, können Borkenkäfer massenhaft auftreten.

Gemeine Eichen-Gallwespe
— *Cynips quercusfolii*

› kleine unscheinbare Wespe
› häufige Art
› nur an Eichen

MERKMALE Körper klein und schwarz mit langen Flügeln. **VORKOMMEN** Eichenbäume, die kugeligen Galläpfel sind gelblich und sitzen an der Blattunterseite. **WISSENSWERTES** Gallwespen verursachen die kugeligen Gebilde, die man an der Unterseite von Eichenblättern finden kann. Die Wespenweibchen stechen im Frühling ihre Eier in die Blätter hinein. Daraus schlüpfen Larven, die Wachstumsstoffe abgeben und so den Baum anregen, Galläpfel zu bilden, in denen sie sich entwickeln. Die Gallen schaden dem Baum in der Regel nicht.

Rote Waldameise
— *Formica rufa*

› etwa 1 cm große Ameise
› sehr nützlich
› geschützte Art

MERKMALE Rücken rotbraun, Kopf und Hinterleib schwarz. **VORKOMMEN** Nadelwälder, Nester meist an sonnigen Waldrändern. **WISSENSWERTES** Die kleinen Waldameisen bilden große Staaten und bauen bis zu 1,5 m hohe Erdhügel, die mit Fichtennadeln bedeckt sind. In einem solchen Nest können mehr als 100 000 Tiere leben. Rote Waldameisen jagen überwiegend Insekten und deren Larven und überwältigen gemeinsam auch sehr große Beute wie Raupen und Heuschrecken. Sie verhindern die Massenvermehrung von Waldschädlingen und helfen bei der Verbreitung von Pflanzensamen. **Geschützt**.

Langhornmotte
— *Nemophora degeerella*

› auffälliger Querstreifen
› oft in Schwärmen
› Larven gut getarnt

MERKMALE Länge ca. 1 cm. Vorderflügel goldglänzend mit heller Querbinde. Fühler der Männchen viermal länger als der Körper. **VORKOMMEN** Waldränder und -lichtungen, Balztänze der Männchen tagsüber im Sonnenschein. **WISSENSWERTES** Langhornmotten sind kleine Schmetterlinge mit besonders langen Fühlern. Die Männchen tanzen nahe Ästen, auf denen Weibchen sitzen. Die Larven fressen zunächst in den Blättern von Waldkräutern. Wenn sie groß genug sind, leben sie am Boden und tarnen sich in einem Köcher aus Pflanzenteilen, der an beiden Seiten offen ist.

Eichen-Prozessionsspinner
— *Thaumetopoea processionea*

› lange Prozessionen der Larven
› auch in Wohngebieten
› giftige Behaarung

MERKMALE Falter unscheinbar graubraun, Raupen lang behaart. **VORKOMMEN** Wälder mit Eichenbeständen. **WISSENSWERTES** Wo der Eichen-Prozessionsspinner auftaucht, ist Vorsicht geboten: Die Raupen tragen lange weiße Haare, die leicht abbrechen und beim Menschen Hautausschläge, schmerzhafte Entzündungen und Atemnot hervorrufen können. Tagsüber sitzen die Raupen in Gespinsten, in der Dämmerung wandern sie in langen Reihen durch die Eichenwälder und fressen ganze Bäume kahl. In Wohngebieten müssen sie professionell bekämpft werden.

Nagelfleck
— *Aglia tau*

› auffällige »Augen« auf den Flügeln
› vor allem auf Buchen
› geschützte Art

MERKMALE Flügel orangebraun, mit je einem dunklen Augenfleck. Die grünen Jungraupen tragen rot-weiß geringelte Fortsätze. **VORKOMMEN** Laub- und Mischwälder mit Buchenbeständen. Gilt als Charaktertier des Buchenwalds. **WISSENSWERTES** Seinen Namen erhielt der Nagelfleck von den hellen T-förmigen Flecken, die jeweils in der Mitte der blauvioletten »Augen« auf den Flügeln sitzen. Die Männchen fliegen auch tagsüber im Zickzackkurs über den Boden, die Weibchen nachts. Die Raupen fressen bevorzugt Buchenblätter, aber auch Eichen-, Birken- und Weidenblätter. **Geschützt**.

Waldbrettspiel
— *Pararge aegeria*

› typische Zeichnung
› Männchen verteidigen Revier

MERKMALE Flügeloberseiten dunkelbraun mit weißer Fleckenzeichnung und gelb umrandeten Augenflecken am Flügelrand. **VORKOMMEN** Auwälder, Laubmischwälder, seltener in Nadelwäldern, bevorzugt lichte, sonnige Standorte. **WISSENSWERTES** Die männlichen Falter sitzen auf erhöhten Positionen, von denen aus sie die Umgebung gut beobachten können, und versuchen, vorbeifliegende Rivalen zu vertreiben. Sie kehren immer wieder auf ihren Sitzplatz zurück. Das Waldbrettspiel saugt an Blüten, Baumsäften und reifem Obst. Die Raupen fressen Gräser.

Landkärtchen
— *Araschnia levana*

› Aussehen von der Tageslänge gesteuert
› Raupen schwarz mit Dornen

MERKMALE Charakteristisches Muster mit Flecken und Bänderung. Raupen schwarz mit Dornen. **VORKOMMEN** Auwälder, feuchte Laubwälder mit schattigen Zonen, Raupen an Brennnesseln. **WISSENSWERTES** Dieser Schmetterling ändert sein Outfit je nach Saison: Im Frühjahr schlüpfen leuchtend braunorange Schmetterlinge mit weißen Flecken, die Sommergeneration hat die Grundfarbe Schwarzbraun, weiße Bänder und gelbliche Flecken. Seinen Namen erhielt das Landkärtchen wegen seiner geäderten Flügelunterseite.

Kaisermantel
— *Argynnis paphia*

› auffallend orange
› blütenreiche Waldränder
› relativ häufig

MERKMALE Männchen rotbraun, Weibchen gelbbraun, mit dunklen Flecken und Bändern. **VORKOMMEN** Laubwälder der Mittelgebirge, Wiesen und Lichtungen. **WISSENSWERTES** Der Kaisermantel ist der größte heimische Perlmuttfalter und eine wahre Schönheit. Im Sommer kann man das Balzverhalten der Schmetterlinge beobachten, bei dem das Männchen seine Partnerin umfliegt. Die Begattung findet am Boden statt, das Weibchen legt die Eier an Baumrinde ab. Die Falter saugen an Disteln und anderen Blütenpflanzen, die Raupen fressen an Veilchen.

Gartenkreuzspinne
— *Araneus diadematus*

› großes Radnetz
› eine der größten einhei-
  mischen Spinnen
› häufig in Parks und
  Gärten

MERKMALE Länge bis zu 1,5 cm. Hinterleib mit auffälligem weißen Kreuz, Männchen deutlich kleiner als Weibchen.
VORKOMMEN Waldränder, Hecken, Gärten, sehr häufige Spinne.
WISSENSWERTES Die Gartenkreuzspinne ist die bekannteste heimische Radnetzspinne. Sie legt ihr Fangnetz an Zweigen von
Sträuchern oder Bäumen an. In der Mitte ihres Netzes lauert sie
auf Beute. Über einen Signalfaden bekommt sie die Information,
wenn sich eine Beute im Netz verfängt. Dann wickelt sie ihr Opfer
in Spinnfäden und tötet es mit einem Giftbiss.

Waldwolfsspinne
— *Pardosa lugubris*

› vier vergrößerte und vier
  kleinere leistungsstarke
  Augen
› lebt am Boden

MERKMALE Länge bis zu 1 cm. Dunkelbraun mit hellem Streifen. **VORKOMMEN**
Wälder, Parks und Hecken, weit verbreitet, häufigste von verschiedenen sehr ähnlichen Arten. **WISSENSWERTES** Wolfsspinnen leben am Boden und können hervorragend sehen. Ihre Beute jagen
sie ähnlich wie die Wölfe (Name). Sie schleichen sich an und überwältigen ihr Opfer mit einem Sprung. Ihre Brut tragen die Weibchen eingesponnen in einen Kokon am Hinterleib mit sich herum.
Auch wenn die Jungspinnen geschlüpft sind, werden sie noch eine
Weile getragen, bis sie allein jagen können.

Holzbock, Zecke
— *Ixodes ricinus*

› an Säugetieren
› nur Weibchen saugen
  Blut
› gehören zu den Spinnen-
  tieren

MERKMALE Rotbraun mit acht Beinen,
mit Blut vollgesogene Tiere bis zu 1 cm
groß. **VORKOMMEN** Wälder mit dichter
Strauch- und Krautschicht, Wiesen. **WISSENSWERTES** Als Über-
träger von Krankheiten wie Hirnhautentzündung und Borreliose
können Zecken dem Menschen gefährlich werden. Die weiblichen
Zecken lauern auf Blättern oder Zweigen auf Warmblüter, auf die
sich fallen lassen, um Blut zu saugen. Männchen und Jungtiere leben vegetarisch. Informationen zu Schutzmaßnahmen in Zecken-
gebieten erhält man in Apotheken oder im Internet.

Regenwurm
— *Lumbricus terrestris*

› bis zu 30 cm lang
› auch in Gartenerde
› verbessern Boden-
qualität

MERKMALE Wurmkörper mit bräunlich bis rosa gefärbten Ringeln. **VORKOMMEN** Waldböden und humusreiche Böden, häufige und weltweit verbreitete Art. **WISSENSWERTES** Regenwürmer durchlüften und düngen den Boden, indem sie tiefe Gänge in die Erde graben und abgestorbene Pflanzenreste hineinziehen, die sie fressen. Ihr Kot ist wertvoller Humus. Daher werden Regenwürmer auch gezüchtet und auf unfruchtbaren Böden ausgesetzt. Unter 1 m² Waldboden leben bis zu 1000 Regenwürmer. Sie sind unverzichtbar für den Stoffkreislauf des Waldes.

Mauerassel
— *Oniscus asellus*

› helfen bei der Kompost-
bildung
› sehr nützlich

MERKMALE Körper dunkelgrau mit hellen Rückenflecken. **VORKOMMEN** Waldboden im Falllaub, unter Steinen oder Baumstämmen, auch an anderen feuchten, dunklen Orten. **WISSENSWERTES** Asseln gehören zu den Krebstieren und haben an den Hinterbeinen Kiemen, die ständig feucht gehalten werden müssen, damit sie atmen können. Die Mauerassel und die sehr ähnliche Kellerassel leben daher an feuchten Orten, etwa unter Laub oder Steinen, im Kompost oder in feuchten Kellern. Wie die Regenwürmer erfüllen sie die wichtige Aufgabe, verrottende Pflanzenteile zu zerkleinern.

Kugelassel
— *Armadillidium vulgare*

› gepanzerter Körper
› gut 1 cm groß
› ein Beinpaar unter jedem
Rückenschild

MERKMALE Körper hochgewölbt mit Rückenplatten. **VORKOMMEN** Laubwälder unter Steinen, Laub und Moos in der obersten Bodenschicht. **WISSENSWERTES** Kugelasseln heißen auch Rollasseln, weil sie sich bei Gefahr zu einer Kugel zusammenrollen und so schützen. Die Rollasseln haben sich recht erfolgreich an das Landleben angepasst, ihr Panzer bietet einen guten Verdunstungsschutz, bei Trockenheit rollen sie sich zusammen. Kugelasseln fressen Löcher in abgestorbene Blätter und erleichtern so die Zersetzung durch Bakterien und Pilze.

Gerandeter Saftkugler
— *Glomeris marginata*

› lebt im Laub
› zwei Beinpaare unter jedem Rückenschild
› nützlich

MERKMALE Schwarz glänzend, Segmente mit gelblichem Rand. **VORKOMMEN** Laubwälder, vor allem in nährstoffreichen Buchenwäldern, häufig in der obersten Laubstreu. **WISSENSWERTES** Der Saftkugler sieht einer Kugelassel sehr ähnlich. Auch er rollt sich bei Gefahr zu einer Kugel zusammen, lebt im Waldboden und frisst verrottende Pflanzenteile. Der Saftkugler gehört aber zu einer ganz anderen Tiergruppe, nämlich zu den Tausendfüßern, während Asseln zu den Krebstieren gehören. Beide haben sich an die gleichen Lebensbedingungen angepasst, daher die Ähnlichkeit.

Brauner Steinläufer
— *Lithobius forficatus*

› dolchartige Giftklauen am Kopf
› kann schmerzhaft beißen

MERKMALE Körper rotbraun, 15 Beinpaare, lange Fühler. **VORKOMMEN** Wälder, Wiesen und Gärten, häufig unter Steinen, in Laubstreu oder Baumstümpfen. **WISSENSWERTES** Tagsüber versteckt sich der Braune Steinläufer unter Steinen, nachts kommt er heraus und jagt Insekten, Spinnen und andere Kleintiere. Seine Beute ergreift er mit den gebogenen Klauen und lähmt sie mit seinem tödlichen Gift. Der Biss eines Steinläufers kann die Wirkung eines Bienenstichs haben. Der Steinläufer gehört zu den Hundertfüßern und trägt an jedem Körpersegment ein Beinpaar.

Gemeiner Erdläufer
— *Geophilus longicornus*

› überall am Erdboden
› auffallend langer Hundertfüßer – bis zu 4 cm lang

MERKMALE Lang, dünn, ca. 50 Beinpaare und lange Antennen. **VORKOMMEN** Wald-, Wiesen- und Ackerböden, in Hohlräumen, unter Steinen oder Holzstücken. **WISSENSWERTES** Der Erdläufer gehört wie der Steinläufer auch zu den Hundertfüßern und hat tatsächlich etwa 100 Beine, von denen jeweils ein Paar an einem Körpersegment sitzt. Der lange, dünne Erdläufer hat sich auf Regenwürmer spezialisiert, denen er bis in die Wohnröhren folgt, sie umschlingt und frisst. Bei uns leben mehrere ähnliche Arten, von denen der Gemeine Erdläufer am häufigsten ist.

Rote Wegschnecke
— *Arion rufus*

› ohne Gehäuse
› massenhaft in feucht-warmen Sommern
› frisst auch Gartengemüse

MERKMALE Körper rot, braun oder schwarz, ohne Gehäuse. **VORKOMMEN** Wälder, Hecken, Parks, Gärten, an feuchten Stellen, sehr häufig und weit verbreitet. **WISSENSWERTES** Die Wegschnecke trägt nicht das typische Schneckenhaus und gehört daher zu den Nacktschnecken. Ihr weicher Körper sitzt auf einem großen Kriechfuß. Sie frisst Pflanzen, aber auch Aas und Kot. Neben rot gefärbten Exemplaren gibt es auch schwarze. Diese sind leicht mit der Schwarzen Wegschnecke *(Arion ater)* zu verwechseln, die bei uns ebenfalls häufig ist.

Schließmundschnecke
— *Cochlodina laminata*

› lange Gehäuse hängen beim Kriechen an Baumstämmen stets nach unten

MERKMALE Länge bis zu 2 cm. Gehäuse turmähnlich. **VORKOMMEN** Laub- und Mischwälder, häufig an bemoosten Baumstämmen, feuchten Felswänden oder Steinen. **WISSENSWERTES** Die Schließmundschnecke hat ein vielfach gewundenes, spindelförmiges Gehäuse, das sie verschließen kann (Name), damit es im Inneren stets feucht bleibt. Als Tür dient eine Kalkplatte mit einem elastischen Stiel an der Seite. Wenn sich die Schnecke in ihr Haus zurückzieht, klappt die Tür automatisch zu. Sie frisst Pflanzen sowie Algen- und Pilzaufwuchs.

Garten-Bänderschnecke
— *Cepaea hortensis*

› bunt gefärbt
› zwei ähnliche Arten
› auch in Gärten

MERKMALE Gehäuse gelb oder rötlich bis braun, meist dunkel gebändert, Gehäuserand hell, bei der Hain-Bänderschnecke dunkel. **VORKOMMEN** Laub- und Mischwälder, Hecken, Gärten. **WISSENSWERTES** Als »Schnirkelschnecke« ist die Bänderschnecke gut bekannt. Ihre Gehäusefarbe ist sehr variabel. Sehr ähnlich ist die Hain-Bänderschnecke *(Cepaea nemoralis)*. Beide Arten fressen Pflanzen und sind selber eine wichtige Nahrung für die Singdrossel. Im Herbst ziehen sie sich zur Winterruhe zurück, erst wenn wieder frisches Grün sprießt, kommen sie hervor.

Weiß-Tanne
— *Abies alba*

› bis zu 600 Jahre alt
› betroffen vom »Tannen-
sterben«

MERKMALE Nadeln kurz und stumpf, Unterseite mit zwei weißen Streifen, Zapfen aufrecht. VOR-KOMMEN Bergwälder zwischen 400 und 1000 m, Tannenanteil in den Wäldern rückläufig. WISSENSWERTES Die Weiß-Tanne bildet gemeinsam mit Rot-Buche und Fichte die Bergmischwälder. Sie stellt hohe Ansprüche an ihren Standort und ist empfindlich gegen Luftverschmutzung. Die Forstwirtschaft setzt daher auf die robuste Fichte und drängt die heimische Tanne zurück.

Fichte
— *Picea abies*

› schützen im Gebirge vor Lawinen und Erdrutschen
› wichtiger Forstbaum

MERKMALE Nadeln stechend spitz, Zapfen herabhängend. VORKOMMEN Mittelgebirge und Alpen, angepflanzt als Forstbaum heute häufig und weit verbreitet. WISSENSWERTES Im Gebirge stehen natürliche Fichtenwälder, die einen artenreichen Lebensraum bilden. Anders die monotonen Fichtenforste, die großflächig angelegt wurden. In ihnen leben nur wenige Arten, außerdem sind sie anfällig für Sturm, Schneebruch und Borkenkäfer. Der moderne naturgemäße Waldbau strebt ökologisch wertvollere Mischwälder mit verschieden alten Bäumen an.

Europäische Lärche
— *Larix decidua*

› bis zu 40 m hoch
› Zapfen 2–6 cm lang, sitzen aufrecht auf den Zweigen

MERKMALE Nadeln weich, in Büscheln stehend. VORKOMMEN Mittelgebirge und Alpen, heute als Forstbaum auch im Tiefland angepflanzt. WISSENSWERTES Die Lärche ist ein ungewöhnlicher Nadelbaum. Nicht allein, dass die Nadeln angenehm weich statt nadelspitz sind, sie färben sich im Herbst auch goldgelb und fallen anschließend ab. Das harte, dauerhafte Holz ist als Baustoff begehrt, daher wird die Licht liebende Lärche vielfach angepflanzt. Unter natürlichen Bedingungen machen Buchen oder Tannen ihr vielerorts das Licht streitig.

Waldkiefer, Föhre
— *Pinus sylvestris*

› Nadeln blau bis grau-grün
› Borke rötlich
› Krone kegel- bis schirm-förmig

MERKMALE Nadeln paarweise, steif, 3–6 cm lang, Zapfen hängend. **VORKOMMEN** Sandböden, verschiedenste Standorte, weit verbreitet, häufig angepflanzt. **WISSENSWERTES** Typisch für die Waldkiefer sind ihre langen Nadeln. Weil sie recht anspruchslos und anpassungsfähig ist, wächst die Kiefer auch dort, wo andere Bäume nicht mehr existieren können: im Hochmoor, auf Dünensand, Kalkfelsen oder Flussschotter. Allerdings braucht die Waldkiefer viel Licht. Sie ist ein wichtiger Forstbaum und liefert Bau- und Möbelholz.

Zitter-Pappel, Espe
— *Populus tremula*

› rascheln im Wind
› Blüten unscheinbar
› Pionier auf Brachflächen

MERKMALE Rinde glatt und graugrün, Blätter rundlich an langen, dünnen Stielen. **VORKOMMEN** Waldränder, lichte Wälder und Hecken, auch auf Kahlschlägen und Brachland. **WISSENSWERTES** Die Redewendung »zittern wie Espenlaub« stammt daher, dass sich die gestielten Blätter der Espe bei jedem Windhauch bewegen. Der Baum produziert besonders viele Samen, die mit ihren wollartigen langen Haaren gut fliegen können. Daher kann sich die Zitter-Pappel schnell auf freien Flächen verbreiten.

Hänge-Birke
— *Betula pendula*

› männliche Blüten Kätzchen, weibliche in Knospenform
› Heuschnupfen durch Pollen

MERKMALE Rinde charakteristisch weiß, Zweige hängend mit dreieckigen Blättern. **VORKOMMEN** Lichte Wälder, Heiden, Schutt und Brachland. **WISSENSWERTES** Die Birke gehört zu den anspruchslosen Pionierarten und ist auch auf Sandflächen und Industriebrachen reichlich vertreten. Sogar aus Pflasterritzen, Dachrinnen oder Steinwänden sprießen junge Birken empor. Allerdings braucht die Birke viel Licht und verkümmert im Schatten anderer Bäume. Ihr Holz wird in der Möbelindustrie verwendet. Zierformen werden oft in Gärten gepflanzt.

Schwarz-Erle
— *Alnus glutinosa*

› Zapfen ganzjährig am Baum
› festigt Böschungen

MERKMALE Blätter rundlich breit, am Rande gesägt, weibliche Blüten als Zapfen mit Luftkammern, die schwimmen können. VORKOMMEN Auwälder, häufig an Bächen, Gräben und Flüssen, angepflanzt in Industriebrachen. WISSENSWERTES Die Schwarz-Erle ist einer der wenigen Bäume, die Nässe vertragen und als Waldpionier Flachmoore und Ufer besiedeln. Mit ihren tief reichenden Wurzeln festigt sie den Boden. Außerdem lebt die Erle in Gemeinschaft (Symbiose) mit Strahlenpilzen, die Luftstickstoff binden und somit den Baum mit Nährstoffen versorgen.

Rot-Buche
— *Fagus sylvatica*

› unserem Klima optimal angepasst
› Blut-Buche als Gartenform

MERKMALE Rinde glatt und silbergrau, Blätter eiförmig, Früchte typisch dreikantige Bucheckern. VORKOMMEN Buchenwälder in Deutschland einst von Natur aus dominierend, aber durch Anpflanzungen ersetzt. WISSENSWERTES Besonders im Frühling, wenn das Sonnenlicht durch die zartgrünen Blätter fällt, entfaltet der Buchenwald seine Schönheit. Die Blätter sind wirkungsvolle Lichtfänger, in ihrem Schatten gedeihen nur noch wenige Pflanzenarten. Das macht die Buche so konkurrenzstark, dass sie überall dort dominiert, wo Boden und Klima ihr zusagen.

Hainbuche
— *Carpinus betulus*

› geriffelte Blätter
› vertrocknete Blätter bleiben den Winter über am Baum

MERKMALE Blätter eiförmig mit geriffelter Oberfläche, gesägter Rand. VORKOMMEN Eichenmischwälder, Hecken, Gebüsche, von der Ebene bis ins mittlere Bergland häufig. WISSENSWERTES Anders als die Rot-Buche verträgt die mittelhohe Hainbuche auch Schatten und bildet häufig unter Eichen eine zweite Baumschicht. Man verwendet sie auch oft als Hecke, weil sie sich sehr gut in Form schneiden lässt. Ihr hartes Holz hat einen hohen Brennwert und wird auch für Werkzeuge, Geräte und Maschinen verwendet. Hainbuche und Rot-Buche sind nicht näher miteinander verwandt.

Stiel-Eiche
— *Quercus robur*

› typisches Eichenlaub
› wertvolles Holz
› Eicheln sind wichtige
  Tiernahrung

MERKMALE Krone ausladend, Blätter gelappt, eiförmige Früchte (Eicheln). **VORKOMMEN** Laubmischwälder in tieferen und mittleren Lagen, vor allem auf schweren und feuchten Böden. **WISSENSWERTES** Eine Eiche kann über 1000 Jahre alt werden. Sie ist der typisch deutsche Baum, noch heute ziert sein Laub unsere Cent-Münzen. Dabei ist eigentlich die Buche viel typischer für unsere Landschaft. Früher trieb man Schweineherden in Eichenwälder, um sie mit Eicheln zu mästen. Ähnlich ist die Traubeneiche *(Quercus petraea)*.

Berg-Ahorn
— *Acer pseudoplatanus*

› Samen geflügelt:
  »Nasenklemmen«
› häufig Garten- oder
  Parkbaum
› rote Zierformen

MERKMALE Blätter handförmig mit fünf Lappen ohne scharfe Spitzen, Früchte mit symmetrischen Flügeln. **VORKOMMEN** Laubmischwälder im Gebirge, nahe der Waldgrenze oft größere Bestände bildend. **WISSENSWERTES** Mit Zuckersaft aus Blattdrüsen lockt der Berg-Ahorn Insekten an, die seine Blüten bestäuben. Die Verbreitung ihrer mit langen Flügeln versehenen Samen erfolgt durch den Wind. Das helle Holz ist für Möbel und Innenausbauten begehrt. Eine ähnliche Art ist der Spitz-Ahorn *(Acer platanoides)*, dessen Blätter an ihren Enden zugespitzt sind (Name).

Gemeine Esche
— *Fraxinus excelsior*

› Blüten in unscheinbaren
  Rispen
› Früchte fliegen schraubenförmig

MERKMALE Bis zu 45 m hoch, Blätter gefiedert mit 9–13 Fiederblättchen, Früchte geflügelt. **VORKOMMEN** Laubmischwälder, auf feuchten, nährstoffreichen Standorten in Auwäldern und Schluchten. **WISSENSWERTES** Die Esche ist der »Baum des Wassers« und steht oft am Ufer von Fließgewässern. Das Eschenholz ist hart und elastisch zugleich. Daher fertigte man daraus die ersten Skier und auch heute noch Möbel. An den Blättern entwickeln sich die Raupen von sechs Groß- und 15 Kleinschmetterlingsarten.

Gewöhnliche Haselnuss
— *Corylus avellana*

› auch in Gärten
› blüht sehr früh
› Haselnüsse fett- und eiweißreich

MERKMALE Strauch, Blätter rundlich und weich mit gezähntem Rand. **VOR-KOMMEN** Waldränder, Hecken, Gebüsche, Wegränder, auch als dichtes Unterholz in Eichenwäldern. **WISSENSWERTES** Die Haselnuss ist für viele Nagetiere ein wichtiges Herbst- und Winterfutter. Eichelhäher, Eichhörnchen und Haselmäuse verstecken sie als Wintervorrat und sorgen so für die Verbreitung, weil sie nur einen Teil wiederfinden. Der Strauch blüht schon ab Februar, die männlichen Blüten sind die auffälligen Kätzchen, die weiblichen ähneln Knospen mit Büscheln aus roten Narben.

Brombeere
— *Rubus fruticosus*

› zahlreiche Gartenformen
› Früchte süß-säuerlich
› bildet dichtes Gestrüpp

MERKMALE Strauch mit langen, bogig überhängenden Zweigen, dicht bestachelt, Blüten weiß, Früchte ab August. **VORKOMMEN** Waldränder, Gebüsch, auf Lichtungen und Schlagflächen, auch auf Industriebrachen. **WISSENSWERTES** Schon bevor gezüchtete Brombeeren mit extra dicken Früchten in den Gärten auftauchten, haben Menschen die Wildfrüchte gesammelt. Die Formen der Sträucher, Stacheln, Blätter und Früchte variieren sehr vielfältig. Die Blüten sind für Schmetterlinge, Hummeln und Bienen eine wichtige Nektarquelle.

Eingriffliger Weißdorn
— *Crataegus monogyna*

› häufige Heckenpflanze
› bis zu 8 m hoch
› enthält herzwirksame Stoffe

MERKMALE Strauch oder Baum mit langen Dornen, Blätter tief eingeschnitten mit drei bis fünf Lappen, Blüte nur mit einem Griffel. **VOR-KOMMEN** Waldränder, Waldlichtungen, in Gebüschen und Hecken, auf eher trockenen, kalkreichen Böden. **WISSENSWERTES** Im Mai prangen zahlreiche weiße Blüten am Weißdorn und schmücken Wald- und Wegränder. Der dornige Strauch, der auch Baumformat erreicht, wird häufig als Hecke gepflanzt, weil er sich problemlos schneiden lässt. Sehr ähnlich ist der Zweigrifflige Weißdorn (*Crataegus laevigata*), eine rote Gartenform ist der Rotdorn.

Gewöhnliche Trauben-Kirsche
— *Prunus padus*

› auf feuchten Böden
› oft angepflanzt
› Kirschen schmecken leicht bitter

MERKMALE Strauch oder kleiner Baum, Blätter eiförmig und zugespitzt, Blüten in Trauben. **VORKOMMEN** Waldränder und lichte Stellen in Bruch- und Auwäldern, Begleiter von Erlen und Eschen. **WISSENS-WERTES** Mit ihren weißen Blütentrauben ist die Trauben-Kirsche eine willkommene Bienenweide, ihre schwarzen Kirschen werden gern von Vögeln gefressen. Eine sehr ähnliche Art, die Spätblü-hende Trauben-Kirsche *(Prunus serotina)*, wurde aus Amerika ein-geschleppt. Wo sie sich verbreitet, verdrängt sie heimische Pflan-zenarten.

Gewöhnlicher Seidelbast
— *Daphne mezereum*

› sehr giftig
› glänzend rote Beeren
› steht unter Naturschutz

MERKMALE Strauch, Blüten direkt an den Zweigen, Blätter lanzettförmig. **VORKOMMEN** Laubmisch-wälder, auf feuchtwarmen Standorten, im Süden häufiger, fehlt im Norden. **WISSENSWERTES** Die rosafarbenen Blüten des Sei-delbasts sitzen im zeitigen Frühjahr dicht an den noch kahlen Zweigen und duften intensiv. Doch Vorsicht: Alle Teile des Strauchs sind giftig, schon die Berührung kann Hautausschläge verursachen. Vögel können die Früchte fressen. Alle Seidelbast-arten sind bedroht und deshalb geschützt. **Giftig. Geschützt.**

Heidelbeere, Blaubeere
— *Vaccinium myrtillus*

› schwarzblaue leckere Früchte
› auch als Gartenform
› auch in Gebirgslagen

MERKMALE Zwergstrauch mit kantigen grünen Zweigen, Blätter eiförmig-zuge-spitzt. **VORKOMMEN** Fichten-, Kiefern- und Laubmischwälder, Heiden. **WISSENSWERTES** Blaubeeren gehören zu den schmack-haftesten Wildfrüchten und werden im XXL-Format auch aus Kul-turen angeboten. Die besondere Wertschätzung wird auch in den vielen unterschiedlichen Namen deutlich, von denen Heidelbeere, Blaubeere, Waldbeere und Bickbeere besonders verbreitet sind. Ähnlich ist die Rauschbeere *(Vaccinium uliginosum)*, deren Verzehr allerdings rauschartige Zustände erzeugen soll.

Efeu
— *Hedera helix*

› immergrüne Kletter-
pflanze
› alle Teile giftig!
› zahlreiche Zuchtformen

MERKMALE Blätter immergrün, drei- bis fünflappig, im Sonnenlicht wachsende Blätter fast herzförmig. **VORKOMMEN** Laubmischwälder, vor allem im Schatten. Angepflanzt an Mauern und Fassaden kletternd. **WISSENSWERTES** An den Ästen des Efeus sitzen zahlreiche kleine Haftwurzeln, mit denen er sich an Bäumen oder Wänden festheftet und bis zu 20 m hoch klettert. Er ist aber kein Schmarotzer, sondern nutzt die Bäume nur als Stütze, um ans Licht zu kommen. Efeu blüht im Herbst und trägt im Winter Früchte. Alle Teile sind giftig. **Giftig**.

Wald-Geißblatt
— *Lonicera periclymenum*

› einheimische Liane
› Einzelblüten an Zweig-
enden wirken wie große
Blüte

MERKMALE Schlingstrauch mit eiförmigen Blättern und langen trichterförmigen gelblich weißen Blüten. **VORKOMMEN** Laubmischwälder, Waldränder und Gebüsche, bevorzugt kalk- und nährstoffarme Böden. **WISSENSWERTES** Das Geißblatt windet sich an Sträuchern und Bäumen empor und kann schwächere Pflanzen geradezu erwürgen. Die Blüten duften abends besonders intensiv und locken Nachtfalter an. Diese saugen mit ihren langen Rüsseln den Nektar aus den tiefen Blütenröhren und bestäuben die Blüten. Die glänzend roten Beeren sind giftig. **Giftig**.

Mistel
— *Viscum album*

› ähnelt großem Baumnest
› immergrüne Blätter
› schöner Weihnachts-
schmuck

MERKMALE Zweige gabelförmig verzweigt, je ein Blattpaar am Ende. **VORKOMMEN** Laubwälder, Obstgärten, vor allem auf Pappeln, Apfelbäumen, Linden und anderen Weichholzarten. **WISSENSWERTES** Wie ein großes Nest sitzt der Mistelstrauch hoch oben auf seinem Wirtsbaum. Als Halbschmarotzer bezieht die Mistel Wasser und die darin gelösten Nährsalze von ihrem Wirt, betreibt aber in ihren grünen Blättern selber Fotosynthese. Ihre Samen werden von fruchtfressenden Vögeln verbreitet, etwa von der Misteldrossel. Die dekorativen Zweige sind als Adventsschmuck beliebt.

Blumen

Busch-Windröschen
— Anemone nemorosa

› Frühblüher
› sternförmige, weiße Blüten
› Fremdbestäubung durch Insekten

MERKMALE Weiße Blüten mit meist sechs Blütenblättern, manchmal rötlich überlaufen, einzeln auf einem Stängel. Blätter mit gesägtem Rand. **VORKOMMEN** Laub- und Mischwälder, sehr häufig. Bildet im März und April mancherorts große Blütenteppiche. **WISSENSWERTES** Mit den ersten Sonnenstrahlen im Frühling beginnt das Busch-Windröschen seine weißgelben Blütenköpfe aus dem Waldboden zu strecken. Solange die Bäume noch keine Blätter tragen, kann die Sonne auf die lichthungrigen Pflanzen herabstrahlen.

Scharbockskraut
— Ranunculus ficaria

› auffallend glänzende Blätter
› Frühblüher
› junge Blätter essbar

MERKMALE Blätter rundlich herzförmig, Blüten glänzend gelb. **VORKOMMEN** Wälder, Gebüsche, auch in Gärten und Wiesen, häufig große Bestände. **WISSENSWERTES** Das Scharbockskraut bildet im April wunderschöne gelbe Blütenteppiche. Sein Erfolgsrezept: Es bildet Wurzel- und Brutknöllchen, aus denen viele neue Pflänzchen wachsen. Sein Name leitet sich von Skorbut ab, einer Vitamin-C-Mangelkrankheit, gegen die die vitaminreichen jungen Blätter helfen. Doch Vorsicht: Ältere Blätter schmecken scharf und enthalten Giftstoffe.

Wald-Weidenröschen
— Epilobium angustifolium

› bildet große Bestände
› Rohbodenpionier
› Bodenfestiger

MERKMALE Blätter lanzettförmig, Blüten purpurrot in langen Trauben. **VORKOMMEN** Waldlichtungen, Waldränder, Kahlschläge, Windwurf- und Schuttflächen. **WISSENSWERTES** Wo der Wald abgeholzt wurde, ist das Weidenröschen zur Stelle. Als echte Pionierpflanze besiedelt es Kahlschläge, aber auch Schuttflächen, was ihm im 2. Weltkrieg den Namen »Trümmerblume« eingebracht hat. Jede Pflanze produziert Hunderttausende von Samen, die dank ihres Haarschopfs vom Wind verweht werden. Das Wald-Weidenröschen wird gern von Rehen gefressen.

Blumen

Wald-Sauerklee
— *Oxalis acetosella*

> › typische Kleeblätter
> › wächst im Schatten
> › enthält Säure

MERKMALE Bis zu 15 cm hoch. Blätter typisch dreiteilig, Blüten weiß mit violetten Adern. **VORKOMMEN** Laub- und Nadelmischwälder, auf feuchten Böden an schattigen Standorten. **WISSENSWERTES** Die Blätter schmecken säuerlich und gaben dem Sauerklee seinen Namen. Doch Vorsicht: Die enthaltene Oxalsäure ist schwach giftig. Der Frühblüher hält den Rekord unter den mitteleuropäischen Schattenpflanzen: Er siedelt auch dort, wo ihn nur noch 1 % des Sonnenlichts erreicht. Bei starker Sonne verändert er die Blattstellung. **Schwach giftig.**

Wald-Erdbeere
— *Fragaria vesca*

> › häufig auf sonnigen Waldlichtungen
> › auf nährstoffreichen Böden

MERKMALE Blätter mit langen Stielen, Blüten weiß mit fünf Kelchblättern und fünf Kronblättern. **VORKOMMEN** Laubwälder, lichte Nadelwälder, auch in Hecken und Gebüschrändern. **WISSENSWERTES** So süß und aromatisch wie die kleinen Wald-Erdbeeren sind die meisten gezüchteten Gartenformen, die aus ihr entstanden, nicht. Die leckeren Wildfrüchte sind Gaumenschmaus und Augenweide zugleich. Das finden auch Vögel und Schnecken. Über lange Ausläufer bildet die Wald-Erdbeere Tochterpflanzen und breitet sich aus.

Wald-Schlüsselblume
— *Primula elatior*

> › blüht schon ab März
> › zahlreiche hellgelbe Blüten
> › liebt feuchte Standorte

MERKMALE Blätter als Rosette am Boden, Blüten hellgelb auf hohen Stängeln, nicht duftend. **VORKOMMEN** Laubwälder, Au- und Schluchtwälder, Feuchtwiesen, bevorzugt nährstoffreiche, feuchte Böden. **WISSENSWERTES** Ihr Name *Primula* stammt aus dem Lateinischen, »primus« bedeutet »der Erste« und bezieht sich auf die frühe Blütezeit. Für Bienen und Hummeln gehört die Schlüsselblume zu den ersten Nektarpflanzen. Ähnlich ist die Wiesen-Schlüsselblume *(Primula veris)*, deren Blüten kräftig gelb sind und duften.

Blumen

Waldmeister
— *Galium odoratum*

› typische Schattenpflanze
› beliebt zum Aromatisieren
› alte Heilpflanze

MERKMALE Blätter lanzettförmig, in Quirlen; Blüten klein, weiß. **VORKOMMEN**
Buchenwälder, Laubmischwälder, auf nährstoffreichem, lockerem
Humusboden. **WISSENSWERTES** Waldmeister ist vor allem als
aromatische Zutat der Maibowle bekannt: Die Blätter müssen vor
der Blüte gepflückt und mit Weißwein und Sekt aufgegossen werden. Sein typisches Aroma verdankt er dem Cumarin, das jedoch
in größeren Mengen genossen auch Kopfschmerzen verursacht.
Als Heilpflanze wirkt Waldmeister gefäßerweiternd, entzündungshemmend und krampflösend.

Echtes Springkraut
— *Impatiens noli-tangere*

› Früchte mit Schleudermechanismus
› Hummelblume
› wächst auch am Wegrand

MERKMALE Blüten gelb mit langem
Sporn, längliche Früchte. **VORKOMMEN**
Laubwälder, vor allem an feuchten Standorten, an Quellen und
Bächen, auch an Waldwegen. **WISSENSWERTES** Als »Rührmichnichtan« erfreut sich das Springkraut vor allem bei Kindern großer
Beliebtheit: Die reifen Samenkapseln springen bei der kleinsten
Berührung auf und schleudern die Samen von sich. Die zarte
Schattenpflanze hat glasig durchscheinende Stängel. Stellt man
diese gleich nach dem Anschneiden in mit Tinte gefärbtes Wasser,
lässt sich der Wasseranstieg bis in die Blätter verfolgen.

Roter Fingerhut
— *Digitalis purpurea*

› stark giftig
› wächst im Halbschatten
› auch in Gärten

MERKMALE Blätter und Stängel behaart, auffällige, glockenförmige Blüten in einer langen Ähre.
VORKOMMEN Waldlichtungen und Kahlschläge, dort oft in
Massen, an lichten Standorten im Wald auch einzeln. **WISSENSWERTES** Die Blütenform erinnert an einen Fingerhut, daher der
Name der Pflanze. Für Hummeln ist diese Form perfekt, sie fliegen
in die Blüten, bestäuben sie und erhalten den Nektar am Kelchgrund. Die ganze Pflanze ist stark giftig, doch aus ihren Inhaltsstoffen (Glykosiden) werden Medikamente gegen Herzbeschwerden hergestellt. **Stark giftig.**

Blumen

Geffleckter Aronstab
— *Arum maculatum*

> › ausgeklügelte Insekten-
>   falle
> › giftige, rote Früchte
> › auf nährstoffreichen
>   Böden

MERKMALE Blätter pfeilförmig, Schaublatt mit Blütenkolben. **VORKOMMEN**
Laub- und Mischwälder, Gebüsche; Wär-
me liebende Art, im Norden selten. **WISSENSWERTES** Der Aronstab umhüllt seine Blüten mit einem großen hellgrünen Schaublatt. Daraus ragt der Blütenkolben, der mit Aasgeruch Mücken
und Fliegen anlockt. Diese rutschen über das glatte Schaublatt
durch eine Reuse in einen Kessel. Hier bekommen sie Nektar, bestäuben die weiblichen Blüten und werden mit Pollen eingepu-
dert. Welken die Reusenhaare, fliegen sie weiter zum nächsten
Aronstab. **Giftig.**

Maiglöckchen
— *Convallaria majalis*

> › duftet süß und intensiv
> › giftig!
> › Wirkstoffe gegen Herz-
>   beschwerden

MERKMALE Blütenstängel von zwei
Laubblättern umschlossen, weiße Blüten
in Trauben stehend. **VORKOMMEN** Laubwälder, vor allem Eichen-
und Buchenwälder. **WISSENSWERTES** Im Mai erscheinen die
weißen, duftenden Glöckchen an den unscheinbaren grünen
Pflänzchen. Maiglöckchen sind der Klassiker zum Muttertag und
ihr Blütenöl duftet auch in Parfums. Doch wilde Maiglöckchen
muss man stehen lassen, sie sind geschützt. Die Blüten werden
von Bienen besucht und bestäubt. Blätter, Blüten und Beeren sind
giftig. **Giftig. Geschützt.**

Bär-Lauch
— *Allium ursinum*

> › beliebt als Pesto
> › Samen wird durch Wind
>   oder Ameisen verbreitet

MERKMALE Die Blätter ähneln denen
von Maiglöckchen, weiße Sternblüten an dreikantigem Stängel.
VORKOMMEN Laubmischwälder, an feuchten, schattigen Standorten, Zeigerpflanze für Grundwasser. **WISSENSWERTES** Bär-
Lauch riecht nach Knoblauch und schmeckt auch so ähnlich. Meist
bildet er ausgedehnte Bestände, die weithin zu riechen sind. Die
Blätter sollten vor der Blüte gesammelt werden und können klein
gehackt roh oder gekocht gegessen werden. Wegen seines Vita-
mingehalts war er früher eine begehrte Heilpflanze.

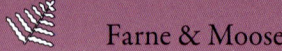

Adlerfarn
— *Pteridium aquilinum*

› größter heimischer Farn
› massenhaft auf Kahlschlägen
› kann sehr alt werden

MERKMALE Wedel drei- bis vierfach gefiedert, fast dreieckig. **VORKOMMEN** Laub- und Nadelwälder, bildet Massenbestände auf Kahlschlägen und nach Waldbränden. **WISSENSWERTES** Farne gehören zu den ältesten Landpflanzen der Erde. Sie entwickeln sich aus einem unterirdischen Wurzelstock, aber auch in einem komplizierten Fortpflanzungszyklus aus Sporen. Der Adlerfarn ist der größte heimische Farn. Er wird bis zu 2 m hoch, seine ausladenden Wedel ähneln Adlerflügeln. Wegen seiner tief in den Boden reichenden Stängel übersteht der Adlerfarn auch Waldbrände.

Gewöhnlicher Wurmfarn
— *Dryopteris filix-mas*

› Wedel bilden oft Trichter
› in Kastanien- und Eichenwäldern

MERKMALE Wedel zweifach gefiedert, maximal 1 m hoch. **VORKOMMEN** Wälder, auf lehmigen, nährstoffreichen Böden, weit verbreitet von der Ebene bis ins Bergland. **WISSENSWERTES** Den Namen Wurmfarn verdankt diese Art dem Wurzelstock, der früher als Mittel gegen Bandwürmer verwendet wurde. Doch Vorsicht: Falsche Dosierung verursacht Vergiftungen. Die Wedel des Wurmfarns vertreiben Fliegen und andere Insekten aus Zimmern und Ställen. Die Wedel sind anfangs schneckenförmig aufgerollt und bilden kleine »Bischofsstäbe«.

Wald-Schachtelhalm
— *Equisetum sylvaticum*

› Sprosse aus ineinandergeschachtelten Abschnitten
› ähneln Tannenbäumchen

MERKMALE Bis zu 50 cm hoch. Sprossen mit mehreren Etagen von kleinen Ästen. **VORKOMMEN** Laub- und Nadelwälder auf feuchten schattigen Standorten, Hauptvorkommen in nassen Auwäldern. **WISSENSWERTES** Schachtelhalme gehören als lebende Fossilien zu der Pflanzenwelt, die vor rund 300 Millionen Jahren die Wälder dominiert hat. Die heutigen Exemplare sind allerdings klein und unscheinbar. Wie Farne und Moose bilden sie keine Blüten, sondern produzieren Sporen. Ihre Triebe sind in lange Stängelabschnitte und Knoten gegliedert.

Zypressen-Schlafmoos
— *Hypnum cupressiforme*

› sehr häufig
› überzieht Bäume und Äste
› viele verschiedene Formen

MERKMALE Blätter dicht stehend, dachziegelartig angeordnet, bildet flächigen Rasen. **VORKOMMEN** Wälder aller Art, überzieht Bäume, Baumstümpfe, Mauern und Gestein. **WISSENSWERTES** Moose siedeln am liebsten dort, wo es feucht ist. Sie können ein Vielfaches ihres Eigengewichts an Wasser speichern und sind daher für den Wasserhaushalt des Waldes wichtig. Moose kommen mit wenig Licht aus und verbreiten sich durch Sporen. Zypressen-Schlafmoos wurde früher als Matratzenfüllung verwendet.

Frauenhaarmoos
— *Polytrichum formosum*

› bildet Blattsternchen
› häufige Art
› zeigt Bodenversauerung an

MERKMALE Blätter schmal lanzettförmig, Sporen auf 4–8 cm hohem Stiel. **VORKOMMEN** Laub- und Nadelwälder, überzieht Waldboden, Steine und abgestorbenes Holz. **WISSENSWERTES** Seinen Namen verdankt das Frauenhaarmoos den goldgelben, glockigen und fein behaarten Sporenkapseln, die aus den grünen Moospolstern ragen. Die spitzen Blättchen stehen spiralig an den Stängeln, sodass es aussieht, als sei es aus lauter kleinen Sternchen zusammengesetzt. Frauenhaarmoos wächst auf schwach sauren Böden.

Weißmoos
— *Leucobryum glaucum*

› heißt auch Ordenskissen
› vermehrt sich meist vegetativ über »Bruchstämmchen«

MERKMALE Polster mit halbkugeliger Gestalt. **VORKOMMEN** Laub- und Nadelwälder, auch in Heiden, auf feuchten Böden, Zeiger für sehr saure Böden. **WISSENSWERTES** Nur wenn es lange nicht geregnet hat, erkennt man, wie das Weißmoos zu seinem Namen kam: Die ausgetrockneten Moospolster sehen weißlich aus. Ausreichend mit Wasser versorgt, wirkt es frisch, grün und geradezu einladend. Doch sollte man auf diesen feuchten Kissen lieber nicht Platz nehmen. Floristen verwenden das Weißmoos auch für Kränze oder als Steckunterlage für Blumen.

Baumbart
— *Usnea*-Arten

› gehört zur Wuchsform der Bartflechten
› geschützte Art

MERKMALE Gelbgrün, weich, bis zu 30 cm lang, mehrere ähnliche Arten. **VORKOMMEN** Bergwälder auf Nadelbäumen und Birken. **WISSENSWERTES** Wie lange Bärte hängt diese Flechte von Ästen herunter. Weil sie naturnahe Wälder mit sauberer Luft braucht, ist sie bei uns durch Forstwirtschaft und Luftverschmutzung selten geworden. Flechten sind bemerkenswerte Doppelwesen aus kleinen Pilzen und Algen. Mit seinem derben Körper schützt der Pilz die Alge und bekommt im Gegenzug Nährstoffe von ihr. **Geschützt**.

Becher- und Rentierflechten
— *Cladonia*-Arten

› wachsen strauchartig
› stehen unter Naturschutz
› im Modellbau verwendet

MERKMALE Strauchflechten, graugrün, verzweigt, sehr arten- und formenreich. **VORKOMMEN** Becherflechten auf Baumstümpfen, Rentierflechten auf Waldböden und Heiden. **WISSENSWERTES** Die Arten dieser Flechtengattung sehen alle aus wie Miniatur-Sträucher. Bei den Becherflechten wachsen dickwandige Becher (links) empor, die Rentierflechten (rechts) sind büschelig und können polsterartige Teppiche bilden. In Nordeuropa gehören sie zu den häufigsten Flechtenarten und werden gern von Rentieren gefressen. **Geschützt**.

Schüsselflechten
— *Parmelia*-Arten

› leuchtend gefärbt
› häufig auf Baumrinde
› bilden Überzüge

MERKMALE Flechten mit flacher und krustiger Wuchsform. **VORKOMMEN** Auf der Rinde von Laubbäumen, weit verbreitet, nur in Gebieten mit sauberer Luft. **WISSENSWERTES** Schüsselflechten scheinen aus lauter kleinen Blättchen zu bestehen, die je nach Art grüngelb oder blaugrün sind. Die verschiedenen Arten fungieren als wichtige Zeiger für Luftverschmutzung: Eigentlich sind diese Flechten weit verbreitet, verschwinden jedoch in Gebieten mit schadstoffbelasteter Luft. Sie werden daher auch gezielt eingesetzt, um die Luftqualität zu kontrollieren.

Fliegenpilz
— *Amanita muscaria*

› hochgiftig
› kann Rauschzustände bewirken
› gilt als Glückssymbol

MERKMALE Hut rot mit weißen Punkten, Lamellen und Stiel weiß. Rechtes Foto: Ohne Hüllreste (abgewaschen) erinnert er an den Täubling. **VOR-KOMMEN** Laub- und Nadelwälder, oft unter Birken und Fichten, Stiel und Hut erscheinen im Sommer und Herbst. **WISSENSWERTES** Pilze sind weder Pflanze noch Tier, sondern bilden eine eigene Gruppe. Der allseits bekannte Körper aus Stiel und Hut verbreitet die Sporen und sorgt so für die Fortpflanzung. Doch der eigentliche Pilz besteht aus einem Geflecht aus kleinen Schläuchen, die den Waldboden durchdringen und morsches Holz und Pflanzenreste zersetzen. Der Fliegenpilz ist unser bekanntester Giftpilz. **Giftig.**

Steinpilz, Herrenpilz
— *Boletus edulis*

› sehr leckerer Speisepilz
› bei feuchtem Wetter klebrig
› Stiel keulenförmig

MERKMALE Hut kastanienbraun, bis zu 5 cm groß, auf der Hutunterseite gelbliche Röhren, Stiel weißlich. Rechts im Bild: Gallen-Röhrling, steht am gleichen Standort. **VORKOMMEN** Meist in Nadelwäldern, häufig unter Fichten, aber auch unter Buchen, von Juni bis November. **WISSENS-WERTES** Für Feinschmecker ist er der König unter den Waldpilzen: Der Steinpilz hat festes, sehr schmackhaftes Fleisch, das sich vielfältig zubereiten lässt. Die Bezeichnung »Herrenpilz« stammt noch aus der Zeit, als die gesammelten Steinpilze bei dem »Herren«, also dem jeweiligen Großgrundbesitzer, abgegeben werden mussten.

Stockschwämmchen
— *Kuehneromyces mutabilis*

› fördert Humusbildung
› Hüte essbar
› leicht mit giftiger Art zu verwechseln

MERKMALE Hut bräunlich mit »Buckel« in der Mitte, Stiel mit Ring. **VORKOMMEN** Auf Baumstümpfen von Laubbäumen, oft in Gruppen, häufiger Sommer- und Herbstpilz. **WISSENSWERTES** Stockschwämmchen siedeln auf Baumstümpfen und leisten einen wichtigen Beitrag zu deren Zersetzung. Die Art ist ein beliebter Speisepilz. Man verwendet die Hüte. Vorsicht: Das Stockschwämmchen kann mit dem tödlich giftigen Gifthäubling *(Galerina marginata)* verwechselt werden. Auch das Glattstielige Stockschwämmchen *(Kuehneromyces lignicola)* ist ungenießbar.

Echter Zunderschwamm
— *Fomes fomentarius*

› wächst immer senkrecht nach unten am Stamm
› lebt parasitisch

MERKMALE Hut korkig hart, 10–30 cm breit, oberseits mit Zuwachsringen. VORKOMMEN Vor allem auf kranken und altersschwachen Rot-Buchen, auch an Birken und Eichen. WISSENSWERTES Der Zunderschwamm wurde früher zum Feuermachen genutzt. Daher stammt auch die Redewendung, etwas »brennt wie Zunder«. Der Pilz wächst an Baumstämmen und kann bis zu 30 Jahre alt werden. Er befällt vor allem alte und geschwächte Bäume, dringt über Ast- und Stammwunden in sie ein und lässt das Holz verfaulen.

Stinkmorchel
— *Phallus impudicus*

› Hut glockenförmig mit wabenartigem Muster
› wächst aus »Hexenei«

MERKMALE Hut mit dunkelgrüner Sporenmasse, Stiel weiß. VORKOMMEN Laub- und Nadelwälder, Parks, Gärten, vom Flachland bis in die Mittelgebirge häufig. WISSENSWERTES Der Name sagt alles: Die Stinkmorchel stinkt nach Aas und lockt Fliegen und Schnecken an. Wenn diese auf dem schleimigen Pilzhut fressen, nehmen sie auch Sporen mit und verbreiten diese. Der wissenschaftliche Name deutet auf die phallusartige Form und Farbe der Stinkmorchel hin. Als Anfangsstadium bildet sich eine Hexenei genannte Knolle. Platzt diese auf, wächst der Pilz heraus.

Zinnoberroter Pustelpilz
— *Nectria cinnabarina*

› zersetzen Holz
› auf toten Ästen
› ganzjährig häufig

MERKMALE Fruchtkörper ähneln kleinen Himbeeren, überziehen tote Äste. VORKOMMEN Wälder, häufig auf toten Laubholzzweigen, seltener auch an Nadelholz oder an lebendem Holz. WISSENSWERTES Als stecknadelkopfgroße rote Pusteln überzieht der Pilz abgebrochene Zweige und anderes Totholz. Die Pusteln enthalten die Fruchtkörper von Schlauchpilzen, die das verrottende Holz durchziehen, von dem sie sich ernähren. Ein nah verwandter Pilz befällt Obstbäume und löst krebsartige Wucherungen aus.

Register

Register

Register/Zum Weiterlesen

Zum Weiterlesen

Dreyer, W., J. C. Roché (2006): Tierstimmen des Waldes, Stimmen-CD, Buch. 128 Seiten, Kosmos
Ophoven, E. (2009): Deutschlands wilde Tiere, 160 Seiten, Kosmos

Bildnachweis/Impressum

Umschlaggestaltung von Büro Jorge Schmidt, München, unter Verwendung eines Fotos von shutterstock © Michael Overkamp (Hirschkäfer).

Mit 139 Farbfotos von Angermeyer 24/3; Bellmann 38/1, 38/2, 42/1, 42/2, 46/3; Böhning 86/1r, 88/1, 88/3; Bollmann 86/2; Danegger 34/2; Fünfstück 28/3; Gartenschatz 58/3, 60/2l, 62/2, 62/3, 64/1, 64/3l, 64/3r, 66/1l, 66/1r, 66/2, 66/3l, 68/1, 68/2, 70/1, 72/1, 72/2, 74/3, 76/1, 78/3, 80/2, 80/3l; Gartenschatz/Bajohr 6, 12/3, 16/3, 18/1, 18/3, 20/3, 22/2, 22/3, 32/2; Gartenschatz/Bellmann 5 l, 62/1, 64/2l, 70/2; Gartenschatz/Gilbert 86/1l; Gartenschatz/Schön 48/2; Gminder 86/3; Grüner 26/2; Halley 24/2; Hecker 2–3, 4, 5r, 7l, 7r, 8–9, 10/1, 10/2, 12/1, 14/1, 14/2, 14/3, 16/1, 16/2, 22/1, 36/1, 36/2, 36/3, 38/3, 40/1, 40/2, 40/3, 42/3, 44/1, 44/2, 44/3, 46/1, 46/2, 48/1, 48/3, 50/1, 50/2, 50/3, 52/1, 52/2, 52/3, 54/1, 54/2, 54/3, 56/1, 56/2, 56/3, 58/2, 60/1, 66/3r, 68/3, 70/3, 72/3, 74/1, 74/2, 76/3, 78/1, 80/1, 80/3r, 82/1, 82/2l, 82/2r, 84/1, 84/2l, 84/2r, 84/3; Hinze 30/3; König/Blickwinkel 82/3; Kosten/Blickwinkel 88/2; Limbrunner 18/2, 20/2; Mestel/Hecker 10/3, 12/2; Nill 34/3; Pforr 26/3; Sauer/Hecker 60/3r; Schönfelder 78/2; Spohn 58/1l, 58/1r, 60/2r, 60/3l, 64/2r, 76/2; Wernicke 34/1; Willner 28/1; Zeininger 20/1, 24/1, 26/1, 28/2, 30/1, 30/2, 32/1, 32/3. Mit 8 Symbolen von Wolfgang Lang, 10 Trittsiegeln von Kay Elzner/Kosmos und 8 Fährten von Johannes-Christian Rost/Kosmos.

Das Bild auf Seite 2/3 zeigt ein Eichhörnchen (Hecker).

Unser gesamtes lieferbares Programm finden Sie unter **kosmos.de**
Über Neuigkeiten informieren Sie regelmäßig unsere Newsletter, einfach anmelden unter **kosmos.de/newsletter**

MIX
Papier aus verantwor-
tungsvollen Quellen
FSC® C014889
www.fsc.org

Gedruckt auf chlorfrei gebleichtem Papier

© 2020, Franckh-Kosmos Verlags-GmbH & Co. KG, Stuttgart.
Alle Rechte vorbehalten
ISBN 978-3-440-17006-9
Projektleitung: Claudia Salata
Redaktion, Bildredaktion und Satz: Barbara Kiesewetter, Redaktionsbüro, München
Klappengestaltung: Populärgrafik, Stuttgart
Gestaltungskonzept: Peter Schmidt Group GmbH, Hamburg
Produktion: Markus Schärtlein
Druck und Bindung: Friedrich Pustet GmbH & Co. KG, Regensburg
Printed in Germany / Imprimé en Allemagne

Ihre Themen
—— Unser Newsletter

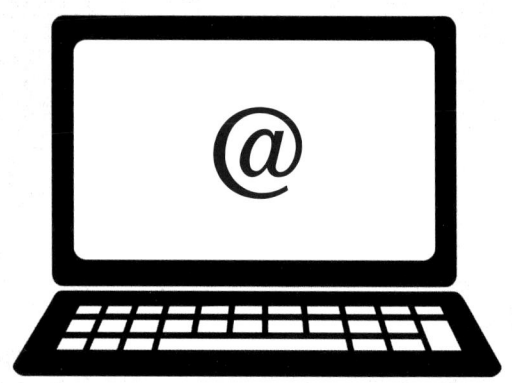

Sie möchten regelmäßig aktuelle Neuigkeiten, Informationen und Angebote zum
Thema Natur erhalten?

— **Fundiert recherchiert**
— **Wissen aus der Praxis**
— **Alles Wichtige auf einen Blick**

Dann melden Sie sich jetzt für unseren
Newsletter an.

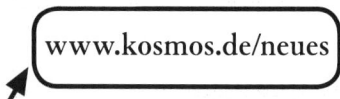

www.kosmos.de/neues